书名题签　方中传
插页题签　康　蕾

人間節氣

苏长兵／著

合肥工業大學出版社

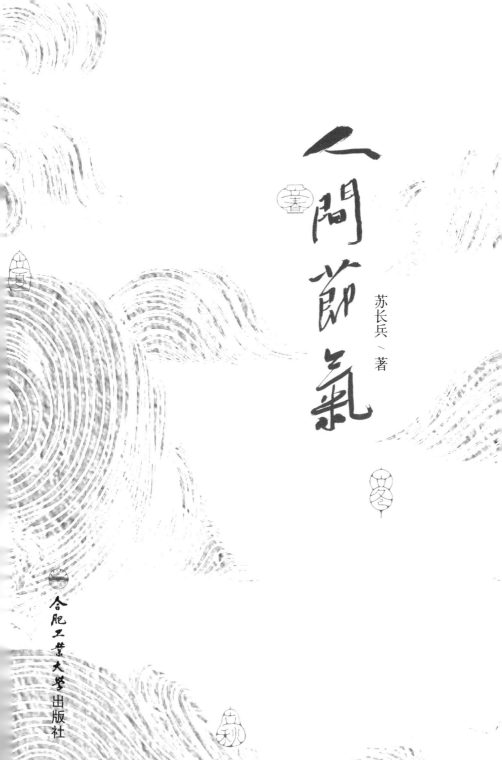

推荐序

在节气里看见人间

章玉政

“春雨惊春清谷天，夏满芒夏暑相连。秋处露秋寒霜降，冬雪雪冬小大寒。”或许可以这么说，大多数中国人的时间记忆，都是从这首《二十四节气歌》开启的。

节气是中国文明的独特符码。远古时期，先民们只有模糊的时间概念，“日出而作，日入而息”，但对空间指向的“宇”和时间指向的“宙”却充满着未知而欲知的探索兴趣。就这样，“节气”这一带有浓烈的经验辩证、浪漫想象乃至朴素哲学色彩的时间概念，就应运而生了。

传统中国社会的生根立命之本是农耕，农耕便离不开与天时、地利的协应。虽然在“绝通天地”的隐喻诞生之后，对于天、地、人之间秩序的规定成了少数人的特权，但先民们出于生存的需要，自有其定义时空的智慧与法则。从春秋时期的仲春、仲夏、仲秋、仲冬之分，到战国时期《吕氏春秋》里立春、春分、立夏、夏至、立秋、秋分、立冬、冬至等节气表述的出现，再到西汉淮南王刘安《淮南子》一书中“二十四个节气”概念的完整成型，可以说，节气是先民们对于四时轮转、物候迁移、万物生长最朴实、最睿智的经验凝结。从这个角度来看，节气最大的意义在于，即便是草芥之民，亦能由之洞悉、破解宇宙运转的密码。

正因如此，古往今来，有关节气的文字与解读数不胜数，佳作迭出。长兵兄花了一年的时间，以此时、此地、此情、此景的虔诚心境，与二十四节气相因应，写出了完全不一样的节气文化，字里行间，浸润着对前人智慧的景仰，对乡村生活的回望，对传统文化的致敬，以及对人生态度的思考。无疑，《人间节气》是别致的，是深情的，也是意味隽永的。

在长兵兄的笔下，节气不仅仅是岁月的轮转，更浸润着最深沉的生活哲学。“道法自然”是先民们理解、参悟、诠释宇宙万物最底层的逻辑，而与人类朝夕相处的自然物，则成了他们刻画时间尺度最朴素、最有效的标识。在节气的坐标系里，时间不再仅仅是时间，还是自然界的法则，是“天人合一”的生动实践。

《人间节气》里一再品味与节气有着千丝万缕联系的各种农

谚。熟悉农耕生活的人都知道，这些看起来朴实无华、浅显易懂的口头经验，其实是先民们长时间观察天时、地利、人和三者之间的互动，不断沉淀、累积和筛选，最终才凝合而成的智慧结晶。千百年来，这些农谚通过最原始的口口相传的方式，成为农耕文明得以延续和传承的一道道“密钥”。

当然，我也注意到，每每写及此处，长兵兄的笔触是最柔软、最深情的。循着农谚中节气指往的方向，他看到了家乡的稻麦，看到了儿时的时光，看到了远逝的亲人。节气，成了他内心深处与故乡形成隐秘连接的一扇暗门。节气依旧，农谚依旧，而曾经那个将节气、农谚常挂在嘴边的人，却再也回不来了。人生往往就是这样充满悖论。对于农村的孩子来说，一生的努力或许就是为了走出地理尺度的故乡，却永远走不出心灵尺度的故乡。在长兵兄柔软的文字里，寄寓着一个漂泊的游子对于故乡、对于亲情、对于古老文明投去的深情一瞥。

好在，人间烟火，世事沧桑，总抵不过中国人内在的浪漫。透过长兵兄旁征博引、不吝笔墨的丰富勾描，我们还能从节气里看到许多世俗尘烟之外的人间面相。从《诗经》开始，先民们就在歌咏“蒹葭苍苍，白露为霜”，就在感叹“七月鸣鵙，八月载绩”；而到了唐宋诗词大家的笔下，节气又衍化为一种闲适、一种豁达、一种生命体验，于是便有了“好雨知时节，当春乃发生”这般对平淡美好生活的期许，有了“黄梅时节家家雨，青草池塘处处蛙”的恬静安然，有了“露从今夜白，月是故乡明”的眷恋，自然，也少不了“清明时节雨纷纷，路上行人欲断魂”的淡淡哀伤。

这或许是一份专属于中国人的浪漫。细细品咂，其间处处蕴藏着某种人生哲学，某些生活智慧。事实上，从中外思想史的视角来看，人类的哲思，多由自然物开启，且多包含着对时间这一重要生命尺度的把握，比如水与时间的关系。古希腊哲学家赫拉克利特曾说过，“人不能两次踏进同一条河流”，而与之殊途同归的，莫过于孔老夫子发出的“逝者如斯夫”的千古之叹。作为时间重要标识刻度的节气，更是如此。对于帝王将相而言，节气或许是他们自我标榜、自我展演、自我感动的最佳仪式时间，但于普罗大众而言，节气不过是星移斗转，是人间草木，是人在万物变迁之中所感受到的寒来暑往、月满盈亏、沧海桑田……

长兵兄显然对此深有体悟。所以，《人间节气》写的是节气，但又未止步于节气，而更多写的是节气背后的人，人的生活，人的情趣，人的态度。比如，在写到“小满”时，他颇有感触地写道，“在二十四节气中，大小对称的节气有三对：小雪与大雪、小暑与大暑、小寒与大寒，唯有小满节气很特殊，只有小满而没有‘大满’。这难道是古人的疏忽吗？当然不是！”至此，文章突然宕开一笔，笔调深沉：

人的一生，不满，则空留遗憾；过满，则招致损失。“小得盈满”，这不是最好的状态吗？欧阳修在《五绝·小满》诗里这样写道：“夜莺啼绿柳，皓月醒长空。最爱垄头麦，迎风笑落红。”世间的一切，不就正如小满时节田垄间迎风的麦子吗？小满，则傲立风中；大满，则凋零落地。这或许正是小满这个节气给予我们的人生智慧。

此般理性的思考，在《人间节气》中触目皆是。我不知道这是长兵兄源于个人生命成长的一种审视，还是得益于某位先贤大哲的吉光片羽，认真读来，满是人生况味。如长兵兄所示，人在自然之中发现了节气的秘密，又在节气之中发现了人生的真谛。从某种意义上说，中国人的很多哲学之思、人生境界，或许不过是节气轮转的一种思辨映射。

四时有序，岁月不居。在机器、科技、工业化逐渐成为人类生活底层座架的当下，品味节气，回望故乡，向传统文明致敬，有着一种令人动容的凝重感，但也往往予人以力量，鉴往知来、心驰天地，何尝不是人生常态！

正如长兵兄在跋里写下的这段文字：“每一个节气的更迭，都给了我们深深的期盼，也给了我们悄悄的惊喜。我们常常会在不经意间惊喜地发现，人间一切美好总能应期而至，而且还会如期重逢。如此，我们的生活有了四季，时间有了痕迹，生命有了轮回。”

我喜欢这样的豁达。我喜欢这样的人间。

癸卯小雪日于淝上躬耕斋

作者简介

章玉政，安徽枞阳人，历史学博士。安徽大学新闻传播学院教授，高级记者，硕士生导师。中国作家协会会员、安徽省散文随笔学会会长、安徽省太白楼诗词学会副会长、安徽省作家协会报告文学专委会委员、安徽省黄山文化书院秘书长。出版《狂人刘文典》《光荣与梦想：中国公学往事》《不一样的新闻课》等10部著作。

自序

共享农耕文明的“时间智慧”

苏长兵

我对节气的关注，最早是从家乡口口相传的农谚开始的。我的家乡在江淮之间的枞阳，小时候，跟着父母亲一起去田间地头干活，经常能听到他们闲聊时随口说出来的一句句农谚，比如“立春之日雨淋淋，阴阴湿湿到清明”“清明前后，种瓜点豆”“小暑不见日头，大暑晒开石头”“大雪河封住，冬至不行船”等等。这些朗朗上口的农谚，是平凡人家在日常生活中总结出来的普遍规律和经验。它们和农业生产息息相关，和我熟悉的乡村生活密切相连，所以渐渐成为我生命旅程中的一个重要元素。

后来，我发现这些谚语中有很多包含着二十四节气的名称，听多了，便渐渐熟悉了二十四节气。我慢慢地感觉到，二十四节气是大自然中最生动的语言，是人世间美好生活的向导和指南，关乎每一个生命的存在和延续。春耕、夏耘、秋收、冬藏，春芽、夏瓜、秋果、冬根，每一个节气都是生命的重要节点。跟着节气行住坐卧，穿衣吃饭，遵循大自然的规律，应时而动，这是美好生活的基础，也是美好生活的表现形式。

我开始更多地关注节气，包括它的起源与发展。早在春秋之前，中国古代先贤就定出仲春、仲夏、仲秋和仲冬（即后来的春分、夏至、秋分和冬至）四个节气；战国后期成书的《吕氏春秋》里，就有了立春、春分、立夏、夏至、立秋、秋分、立冬、冬至八个节气名称，这八个节气是二十四个节气中最为重要的节气；之后，这八个节气又不断地得以改进和完善，到了秦汉时期，二十四节气就已经完全确立了，西汉淮南王刘安及其门客集体编写的《淮南子》一书中就有着关于二十四个节气的明确记载。

古人仰望星空，观察到了斗转星移，后来更是惊奇地发现："斗柄指东，天下皆春；斗柄指南，天下皆夏；斗柄指西，天下皆秋；斗柄指北，天下皆冬。"于是，人们逐渐根据北斗七星"斗柄"的位置变化制定了二十四节气的雏形；于是，这一朴素的行为举止，从此便有了丰富的精神意蕴。

黄河流域是中国农耕文化的发源地，二十四节气就起源于此。由于发达的农耕文明、先进的农学思想以及与自然和谐相处的文化理念，因而在这里催生出二十四节气是很自然的事。二十四节气是古时先民们顺应农时，通过观察天体运行，认知一年中的时令、气候、物候等变化规律所形成的相当完整的知识体系，有着悠久的文化内涵和历史积淀，是中华民族悠久历史文化的重要组成部分。它准确地反映了自然节律变化，所以历来在人们日常生活中发挥着极为重要的作用。

一年四季，春夏秋冬，十二月份，二十四节气，有序更替，周而复始，生生不息。“春雨惊春清谷天，夏满芒夏暑相连。秋处露秋寒霜降，冬雪雪冬小大寒。每月两节不变更，最多相差一两天。上半年来六廿一，下半年是八廿三。”这首耳熟能详的《二十四节气歌》，孩子们从小就会背诵，它必然会融入我们的生活与生命当中。

《月令七十二候集解》是元代文人吴澄编著的文字作品，书中将二十四节气分为七十二候，五日为一候，三候为一气，每一候都有一个物候现象与之相应，都有动物、植物、鸟类、天气等随季节变化的周期性自然现象，比如植物的萌动、发芽、开花、结果等，动物的始振、始鸣、交配、迁徙等，自然现象中的始冻、解冻、雷始发声、水始涸等，如此，时间便更加清晰具象化了。人们以此把握农时，合理安排农事，规律有序地生活。

民间流传有画“梅花消寒图”的习俗，明代《帝京景物略》上就有记载：“日冬至，画素梅一枝，为瓣八十有一。日染一瓣，瓣尽而九九出，则春深矣，曰九九消寒图。”人们先画一枝不染色的素梅花，花开九朵，每朵九个花瓣，共画出八十一个花瓣，表示自冬至日开始的八十一天，从这一天开始“数九”，每数一天就用颜料染一个花瓣儿。很多有生活情趣的人，还会根据天气变化选择不同的花瓣部位来染色，阴天染花瓣的上部，晴天染花瓣的下部，刮风染花瓣的左边，下雨染花瓣的右边，下雪染花瓣的中间。等到八十一个花瓣儿都染完了，就“出九”了，意味着温暖的春天就到了。民间还有这样的歌谣：“上阴下晴雪当中，左风右雨要分清，九九八十一全点尽，春回大地草青青。”现在想来，这种认真生活的态度以及生命里透射出来的热情，特别值得我们学习。

在国际气象界，二十四节气被誉为“中国的第五大发明”。早在2006年，二十四节气就被列入国务院公布的中国第一批国家级非物质文化遗产名录。2009年、2011年，中国农业博物馆先后两次争取“二十四节气”申报人类非物质文化遗产，但由于种种原因而未能通过。直至2016年11月30日，“二十四节气——中国人通过观察太阳周年运动而形成的时间知识体系及其实践”终于正式列入联合国教科文组织人类非物质文化遗产代表作名录。人类非物质文化遗产里再添“中国符号”，这意味着更多的国家和人民将有幸接触与了解到中国这一农耕时代的“时间智慧”，这无疑是人类史上的一件大事和幸事。

2022年2月4日晚8点，2022年北京冬奥会开幕式在鸟巢体育场成功举行，中国向世界展示和传播了二十四节气。这一天是农历大年初四，正好是立春节气。立春是二十四节气中的第一个节气，代表着新的一年时光的开始和轮回，也代表人与自然和世界和谐相处的方式，开幕式上用二十四节气来倒计时，体现着中国人对时间的深刻理解。

2023年9月23日晚8点，杭州第19届亚运会开幕式在浙江杭州奥体中心体育场举行，这一天，正是秋分，也是中国第6个农民丰收节，亚运之光在象征丰收的秋分时节，照亮西子湖畔、钱塘江边、大运河旁；10月8日晚8点，这场充满激情和荣耀的盛事画上了圆满句号，全世界的目光聚焦杭州，共同见证了这场壮丽终章的璀璨瞬间，这一天，正是寒露。这一切，都不是巧合，而是完美的设计和巧妙的安排。

二十四节气是中国人思考人与自然关系的智慧结晶。千百年来，无数的谚语、民谣、诗词、民俗习惯、神话故事、宗教信仰等等，都与之密切关联，极大地丰富了广大民众的物质与精神文明。可以说，二十四节气的影响无处不在。

“白露过秋分，农事忙纷纷”“过了惊蛰节，春耕不能歇”，这是谚语里的节气；“立春花开，雨水来淋，惊蛰春雷，蛙喊春分，清明犁田，谷雨春茶”“立夏耕田，小满灌水，芒种看果，夏至看禾，小暑谷熟，大暑忙收”，这是民谣里的节气；“蒹葭苍苍，白露为霜”“率时农夫，播厥百谷”，这是《诗经》里的节气；“微雨众卉新，一雷惊蛰始”“清明时节雨纷纷，路上行人欲断魂”，这是唐诗中的节气；“雨霁风光，春分天气。千花百卉争明媚”“霜降水痕收。浅碧鳞鳞露远洲，酒力渐消风力软，飕飕”，这是宋词里的节气。

今天，我们以各种形式学习、传承、实践、保护与发扬二十四节气，不断丰富着二十四节气的内容及其文化内涵，努力构建与自然和谐相处的生态文明。这是我们的使命与责任，也是我们创造幸福生活的源泉和力量。

我用了整整一年的时间，从立春到大寒，在每一个节气如期到来的时候，都以一颗恭敬而虔诚的心，在享受美好时光的同时，写下一点简易的普及性文字，是期盼更多的人，尤其是新时代的青少年，能更多地关注二十四节气，了解二十四节气，学习与实践二十四节气，并从中汲取些许成长的养分与智慧，成为生活的热爱者与生命的思考者。

二十四节气是农耕文明的“时间智慧”，是古时人们生存与发展的“时间哲学”，也是我们当今社会与经济发展的重要软实力。我完全相信，未来，二十四节气一定还会焕发出新的活力与光芒。

癸卯年仲冬于合肥

贰

目录

壹

肆

叁

立春是二十四节气中的第一个节气，每年公历2月4日前后来临。立春标志着万物闭藏的冬季已经结束了，时序进入了风和日暖、万物生长的春季。

合肥市师范附属第四小学五（1）班 贾凌睿

立春

春是温暖，
鸟语花香；
春是生长，
播种耕耘。
立春作为春季的开始，
对任何人来说，
都是一个非常重要的时间节点。
一泓春水，
一抹新绿，
已觉春心动。

立春帖/那时青荷

今朝立春，天气晴好
一个春暖花开的季节，从此来临
从此雪消风软，柳色浅黄
唐诗里的草色，即将生长在我的窗外
似有若无的绿，仿佛一朵远方归来的云

——春日载阳，有鸣仓庚
这一幅万象更新的图画
与诗经有关，更与心灵有关
阳光下，一条淙淙流淌的溪水
一声鸟鸣里，有天地如初的模样

一切都是那样的古老
一切都是如此的崭新
这一刻，梅花开满我的衣襟

我与内心所有寂静的山河
都将一路重逢，芳香满径

一年之计在于春
我想，我是春天里的一棵草
只顺应内心的季节和气候
慢慢生根发芽，舒展一叶新绿
即使有一天，我也会老无所依
也会悄然离去

一生之计在于春
我想，我也是春天里的一棵树
一天天以心灵的角度，安静地生长
生长一种持续的美丽
一种贴近灵魂的风景

从此，以一种五百年的执着
在自己的旷野里，诗意地栖居
以一种超越自我的高贵
一天天静静等待，万物归来

立春，万木生芽日

立春是二十四节气中的第一个节气，也是春季的第一个节气，每年公历2月4日前后来临。立，是“开始”的意思；春，表示季节，代表着“温暖”与“生长”。

我从小生活在皖江边的一个小乡村里，那里农家人习惯把立春叫作“打春”，有谚语说，“打春阳气升”“打春下大雪，百日还大雨”。农谚“春打五九尾，春打六九头”的意思是说，每年的立春日要么是在五九的最后一天，要么是在六九的第一天。

立春节气的到来，标志着万物闭藏的冬季已经结束了，时序进入了风和日暖、万物生长的春季。立春开始，万物复苏，新的一个轮回开启了。元代吴澄在《月令七十二候集解》里说：“立春，正月节。立，建始也，五行之气，往者过，来者续。于此而春木之气始至，故谓之立也。立夏、秋、冬同。”《史记·天官书》里说得更明白：“正月旦，王者岁首，立春日，四时之始也。”在古代，人们以“春”为岁首。

立春时节，冷空气开始减弱，偏南风频数增加，虽然还是春寒料峭，但寒冬已尽，气温开始回升，日照、降雨开始增多。民谚说，“吃了立春饭，一天暖一天”，“立春一日，百草回芽”。

春回大地，万物复苏，大自然进入全新的循环，呈现出生机勃发的迹象。但中国的冬春分界线在广西桂林到江西赣州一线，“一线”以南地区，此时已有早春的气息；而对全国大多数地方来说，此时还只是春天的前奏，浓浓春意的到来还有待一段时日；北方一些地方仍然处于冬季状态，往往要到谷雨乃至立夏时才真正进入春季。

立春是阳气生发、万物更新的时令，所以在人们的观念中，立春有吉祥之意，如果遇上“双立春”，更认为是大吉之年。

所谓“双立春”，是指阴历一年当中出现两个立春节气，一个在年头，一个在年尾，民间形象地称这种情况为“一年两头春”“双春年”或“两春夹一冬”。癸卯年就属于这种情况，癸卯年的正月十四（2023年2月4日）立春，到腊月二十五（2024年2月4日）又逢立春。

为了适应寒暑的变化，古时人们在农历每19个年头中加入7

个闰年，这便出现了19个年头里有7年里没有立春，7年双立春，5年单立春。就这样，以19年为一个周期，循环往复。

人们将没有立春节气的农历年称作“无春年”或者“寡春年”，民间俗称“寡妇年”，比如2016年、2019年、2021年、2024年、2027年等。旧时人们认为“无春年”不宜嫁娶，现在也流传“无春年”“寡妇年”因缺乏阳气上升，会出现“倒春寒”现象这一说法。实际上，这只是由阴阳历转换形成的一种正常历法现象，和凶吉祸福毫无关联。“倒春寒”之说也只是唯心的逻辑推理，牵强附会，没有科学依据，也没有统计学的意义。我们应当科学对待历法现象，不必当真，更不必受制于此。

我特别喜欢观察节气的“三候”。早在先秦时期，智慧的人们便根据黄河流域的地理、气候和自然界的一些景象，将五日归为一候，三候归为一气。这样，一年便分为二十四气、共七十二候。每候都与一个物候现象相应，大抵记录着一年中物候和气候变化的一般规律，指导着人们有秩序地开展各种农事活动。

立春便有三候：“一候东风解冻，二候蛰虫始振，三候鱼陟负冰。”

一候之时，东风送暖，大地遇春风开始解冻，可谓是“立春一日，水暖三分”；五日后，到了二候之时，蛰居在洞中的小虫子感受到了温度的变化，慢慢地苏醒过来，僵硬的身体可以活动了，但动而未出；再过五日，到了三候之时，河里的冰开始融化，鱼儿开始到水面上游动，此时水面上还漂浮着没有完全融解的碎冰，看起来好像是被鱼儿背负着游动一般。

立春时节的花信风也按时吹过来了。

一候时，在河边溪畔，在山野石缝，在路旁墙头，都能看到迎春花细长的枝条重重叠叠地披垂下来，娇黄的小花点缀其间，端庄秀丽，争春不骄，气质非凡。因为迎春花不畏严冬，凌寒而开，所以人们还将其与梅花、水仙、山茶花并列，称为“雪中四友”。白居易诗云：“金英翠萼带春寒，黄色花中有几般。恁君与向游人道，莫作蔓菁花眼看。”

二候时，樱桃花开了。成熟的樱桃果颜色鲜红，玲珑剔透，形娇味美，有“早春第一果”的美誉；相比之下，樱桃花并不显眼，淡淡的，轻盈活泼，如雪如云，细碎而耐看。元稹曾写过樱桃花：“樱桃花，一枝两枝千万朵。花砖曾立摘花人，窣破罗裙红似火。”

三候时，望春花开在荒山野岭、房前屋后、公路两旁、河溪两岸，色泽鲜艳，芳香浓郁，如月光一般素洁娴雅，柔软沉静。望春花的别名很多，如辛夷花、木兰花、木莲花、春玉兰等，人们还形象地把它称作“树中的荷花”。王维曾这样吟咏他园子里的望春花：“木末芙蓉花，山中发红萼。涧户寂无人，纷纷开且落。”望春花的花苞很像芙蓉花，和芙蓉花不同的是，它开在树枝的顶端。

二十四节气是古时农耕文明的产物。它在中国传统农耕社会中占有非常重要的位置，而立春是二十四节气之首，对于传统农耕社会来说，更是具有极其重要的意义，所以古人特别重视立春节气，重大的拜神祭祖、祈岁纳福、驱邪禳灾、除旧布新、迎接新春等节庆活动都安排在立春日及其前后时段举行。民间也流行报春、迎春、游春、踏春、演春、咬春、打春牛、送春贴、迎春神、鞭春牛、吃春盘、剪春幡等立春习俗活动。

立春作为春季的开始，对任何人来说，都是一个非常重要的时间节点。有俗话说，“一年之计在于春，一生之计在于勤”“春争日，夏争时，一年大事不宜迟”。农谚也说：“立春一年端，种地早盘算。”这些俗语与农谚，都具有警醒世人的意义。

春是温暖，鸟语花香；春是生长，播种耕耘。我想起唐代诗人罗隐写的《京中正月七日立春》：“一二三四五六七，万木生芽是今日。远天归雁拂云飞，近水游鱼迸冰出。”春天来了，万木生芽，归雁云飞，游鱼冰出，大自然里处处都呈现出春天的生机和美好。

立春，一个充满着新生和希望的节气。一泓春水，一抹新绿，已觉春心动。春后的雨雪丝毫不减春意，油菜小麦，恣意生长，雪花落地，即化成溪。

唐代诗人贺知章《咏柳》诗云：“碧玉妆成一树高，万条垂下绿丝绦。不知细叶谁裁出，二月春风似剪刀。”我曾在立春时节，望着家乡的田园，即兴写过一首小诗：“新雨绵绵冷风低，青青原野水成溪。待到天晴暖阳日，自是春风十万里。”

人間節氣

雨水是二十四节气中的第二个节气，每年公历2月19日前后交节。雨水通常预示着天气开始回暖，降水形式由雪变为雨，雨量逐渐增多。

合肥市南门小学二（3）班　彭城　指导老师　郑汉中

雨水

春天的来临，
离不开雨，
离不开水。
细雨飘落，
草木新生，
四季流转春又来，
朝来夕往花又开，
在雨水的滋润下，
整个大自然都有着
一种雨意蒙蒙的诗情画意。

雨水帖/那时青荷

我眼底的远山近水
慢慢进入一种诗意的湿润
东风解冻，散而为雨
落在村庄、田野和万物之上

都说好雨知时节，当春乃发生
相信更多美好的事物
会随着雨水绵绵而至
因为有雨，早春总是如此寂静

我喜欢在如此寂静里
与一首失散多年的古诗，久别重逢
也注定会在如此寂静里
遇见小楼一夜春雨
还有明朝深巷杏花

这是立春之后的第一场雨水
因为雨水，让我想起生命里
那段青梅竹马的时光
让我想起内心所有的美好寂静
都与这一场雨水有关

尽管春天的来临，总是缓慢的
一切还是这般乍暖还寒
但有一种美好，润物细无声
尘世也温柔，仿佛一个低低的梦

冬雨宜饮酒，春雨宜读书
每一帖雨水，都是一帖寂静的芬芳

雨水，润物细无声

雨水是二十四节气中的第二个节气，每年公历2月19日前后交节。雨，当取第四声，与前一个节气立春之“立”和后一个节气惊蛰之“惊”一样，用作动词，意为“水从云下也”，但现在人们都习惯地读成第三声了。

雨水和谷雨、小满、小雪、大雪一样，都是反映降水现象的节气。雨水节气通常预示着天气开始回暖，降水形式由雪变为雨，雨量逐渐增多。

此时，太阳的直射点由南半球逐渐向赤道靠近了，北半球的日照时数和强度都在逐日增加，气温回升较快，来自海洋的暖湿空气也开始活跃，并渐渐向北挺进；与此同时，北方冷空气在减弱的过程中却也不甘示弱，与暖空气频繁地交锋和较量着，条件一旦成熟，便形成了降雨。

《月令七十二候集解》中说："正月中，天一生水，春始属木，然生木者必水也，故立春后继之雨水。且东风既解冻，则散而为雨矣。"散而为雨，这正好与小雪节气的"凝而为雪"的特征相对。立春节气以来，小雨就连绵不绝，乍暖还寒，好在到了雨水节气，就意味着进入了气象意义上的春天，天气不会太寒冷了。

"田园经雨水，乡国忆桑耕。"春天的雨犹如世间的精灵，在立春与雨水两个节气的更替之间，随风潜入人间，润泽万物，不拣不择，让枯木得以重生，让种子得以发芽，让作物得以返青，让人体得以舒展。整个春天就这样慢慢地，在一夜微风细雨之中，款款地向我们走来。

雨水时节，中国大部分地区最高气温一般都能升到0℃以上，但北方很多地区暂时还难以闻到春天的气息，有些地方还在降雪，天气仍然很冷，仍是一片萧索的景象。如黄河中下游及其附近地区，全年雪量最大、大雪最多的节气，既不是小雪与大雪，也不是小寒与大寒，而恰恰是二月下旬的雨水节气。

南方不少地区平均气温都在10℃以上了，到处都是一派早春的气象，阳光让人感觉到很温暖，油菜与冬小麦开始返青生长；华南地区则更是百花盛开，春意盎然；而云南南部地区，此时已是春色满园了。

江淮大地上返青的农作物特别需要雨水的滋润，适宜的降水对农作物的生长尤其重要，所以民间很多有关雨水节气的农谚，都反映着此时雨水的重要性："收多收少在于肥，有收无收在于水""水是庄稼血，没有了不得""水满塘，粮满仓，塘中无水仓无粮"。

华南地区的双季早稻开始育秧苗了。"立春天渐暖，雨水送粪忙""春种一粒粟，秋收万颗子"，雨水前后，春耕、春播、春灌、除草等各种农事活动都有条不紊地展开了，乡间逐渐呈现出一片繁忙的春耕景象。

雨水有三候："一候水獭祭鱼，二候鸿雁来，三候草木萌动。"

一候之时，天气逐渐回暖，水獭开始捕鱼了，水獭喜欢把鱼咬死后放到岸边依次排列开来，好像是祭祀一般，随后再慢慢享用，而且吃相与人们祭拜时的动作很相似，所以古时有"獭祭鱼"之说；五日后，二候之时，大雁开始从南方越冬的栖息地飞回北方，人们可以时不时地在空中看到迁飞的雁群；再过五日，到了三候之时，一些发芽较早的草木，会随着大地里的阳气上升而开始抽发嫩芽。

雨水时节的花信风也悄悄吹过来了，非常准时地为雨水三候报信。

一候时，油菜花开始抽薹开放，抢占了雨水花信风之首。油菜花从每年的1月到8月，随着太阳直射点的移动，从南到北次第盛开。油菜花四枚花片，质如宣纸，金黄明艳，成为早春时节一道独特的田园风景。杨万里有诗云："篱落疏疏一径深，树头花落未成阴。儿童急走追黄蝶，飞入菜花无处寻。"

二候时，杏花先叶开放，色艳态娇，含苞时纯红色，开放后花色渐淡，花谢时又变为纯白色。南宋诗僧志南曾写过一首著名的绝句："古木阴中系短篷，杖藜扶我过桥东。沾衣欲湿杏花雨，吹面不寒杨柳风。"

三候时，李花开放，洁白秀美，质朴清纯，素雅清新，细小而繁茂。李白曾有诗云："春国送暖百花开，迎春绽金它先来。火烧叶林红霞落，李花怒放一树白。"传说李白在七岁时，他的父亲看着春日院落里繁花似锦，开口吟诗道："春国送暖百花开，迎春绽金它先来。"他的母亲接着吟道："火烧叶林红霞落。"李白走到正在盛开的李树花前，立刻吟出最后一句："李花怒放一树白。"他的父亲还因此为他取名"李白"，当然，这只是一段传奇佳话，真实与否，难以考证了。

雨水，这是一个让人听起来就感觉多雨却又心生欢喜的节气，因为春天的来临，万物一新，离不开雨，离不开水。细雨飘落，草木新生，四季流转春又来，朝来夕往花又开，在雨水的滋润下，整个大自然都有着一种雨意蒙蒙的诗情画意。

生命从来都是逐水而居的，雨水便是上天给予生命的慷慨馈赠。谚语说："春雨贵如油。"春雨之好，好在它滋润大地，催生万物，人间处处充满生机与活力。

勤劳的农家人珍视雨水，诗人们也纷纷赞颂雨水。诗人韩愈《初春小雨》写道："天街小雨润如酥，草色遥看近却无。最是一年春好处，绝胜烟柳满皇都。"描绘的正是当时京城长安雨水时节的美好风光。诗人杜甫《春夜喜雨》写道："好雨知时节，当春乃发生。随风潜入夜，润物细无声。"这恰逢其时的雨，当然是"好雨"了。

只是当年客居京都的陆游，只身住在小楼上，彻夜听着绵绵春雨，次日清晨，又听见深幽的小巷中传来了叫卖杏花的声音，不禁触景生情，写下了这首脍炙人口的名作《临安春雨初霁》："世味年来薄似纱，谁令骑马客京华。小楼一夜听春雨，深巷明朝卖杏花。矮纸斜行闲作草，晴窗细乳戏分茶。素衣莫起风尘叹，犹及清明可到家。"春雨、杏花里，藏着诗人一丝淡淡的轻叹和忧伤，可谓是"别有一番滋味在心头"。

在这早春的季节里，我们不妨以敬畏与感恩的心，也来聆听与感受一次春天的雨水吧。在柔和细腻的雨水中，用心感受冰消雪解，万物醒来，感受岁月悠悠，人间美好。

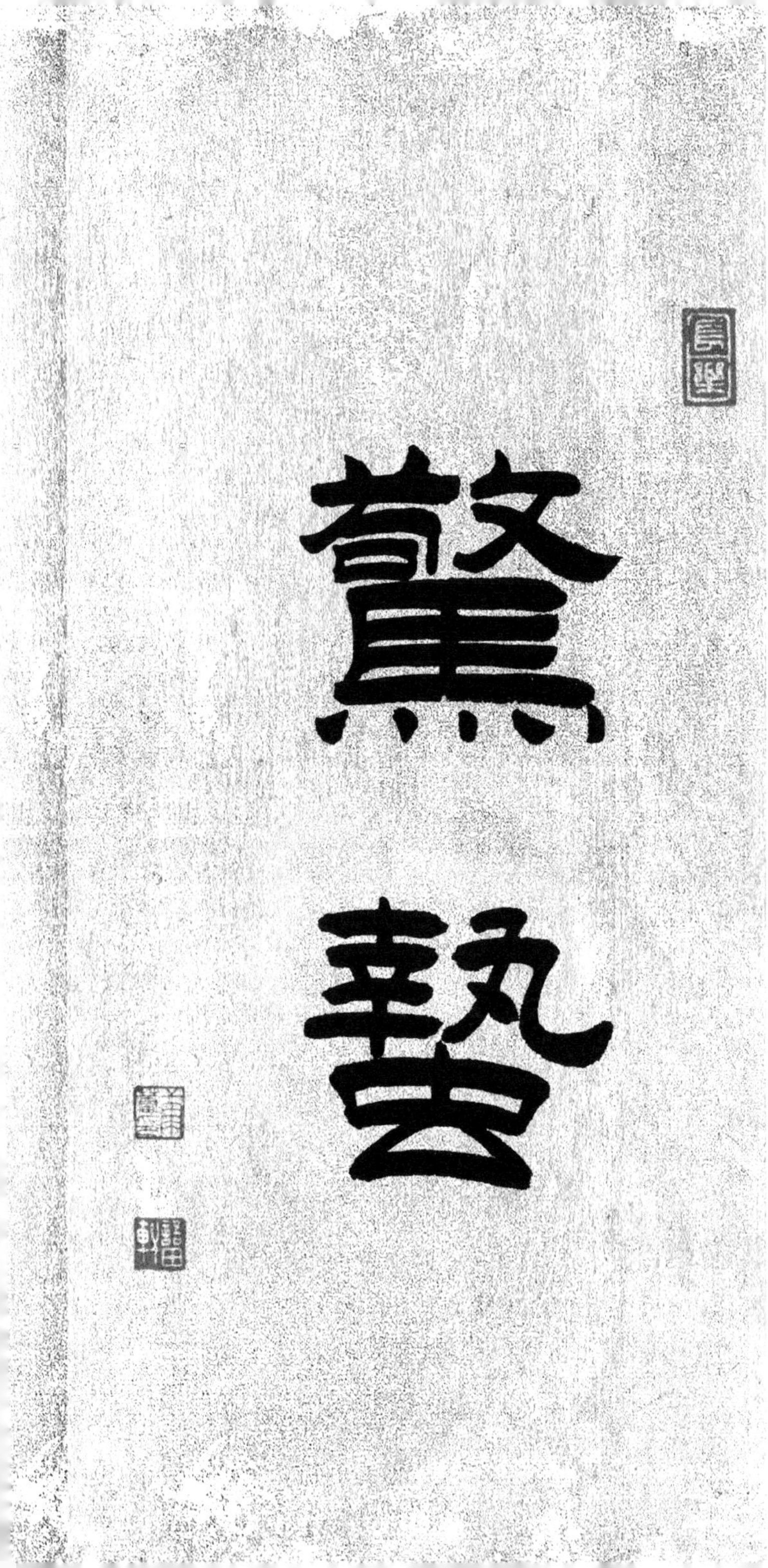

惊蛰是二十四节气中的第三个节气，每年公历3月5–6日交节。天气开始转暖，逐渐会有春雷，历经蛰伏的生命，将迎来全新的世界。

合肥市莲花小学六（6）班　姚思远

惊蛰

春雷乍响，
春风送暖，
惊蛰节气唤醒了
整个温和而美好的春天。
草木萌动了，
大地回春了，
空气里充满了花草与
泥土的芬芳，
让人忍不住要深深地
多呼吸几口。

惊蛰帖/那时青荷

惊蛰已至，雷声渐起
从南向北，击碎残冬最后一页寂静
且让这一声声铿锵的消息
抵达每一颗还在沉睡的心

你是否听见，细雨连绵的路上
一个美好的春天正打马而来

每一声抑扬的平仄里
都裹挟着碧水一样的惊喜
且让我借这一声春雷
与春天开始一场久违的对话

我愿意带着梅花一样的表情
去找寻一个梦里失落的故乡

让内心一切有关春天的想象
闪电一样，穿越千年的古道长亭

不必说杨柳如丝，春如线
不必说春风十里，春江水暖
我只想靠近一块苏醒的泥土
或者一朵花的前世今生

我只想，让一朵花的前世今生
为我开辟鸿蒙
这一刻我身如琉璃，内外明澈
每一声春雷，都在耳在心

惊蛰，九尽桃花开

阳春三月，到了惊蛰的节气。惊蛰是二十四节气中的第三个节气，每年公历3月5–6日交节。此时，天气开始转暖，逐渐会有春雷，惊醒蛰居越冬的小动物，历经蛰伏的生命，将迎来全新的世界，故名“惊蛰”，真是形象而又确切。

“惊蛰”在历史上曾被称为“启蛰”，比如最早记录物候现象的古代文献《夏小正》中说：“传正月启蛰，言始发蛰也。”到西汉时，为了避开西汉第六位皇帝汉景帝刘启的名讳，而将“启蛰”中的“启”字改成了意思相近的“惊”字。到唐代时，已经没有再避讳的必要了，“启蛰”又重新启用。唐开元十七年（729），著名天文学家、僧人一行等人制定《大衍历》时，再次使用了“惊蛰”，并一直沿用了下来。

《月令七十二候集解》中说："二月节，万物出乎震，震为雷，故曰惊蛰。是蛰虫惊而出走矣。"实际上，依据声波的频率范围，昆虫是听不到雷声的，大地回春、天气变暖才是它们结束冬眠而出走的真正原因。

惊蛰前后之所以会出现雷声，是因为此时大地湿度逐渐增高，促使地表热气上升，或是因为北上的湿热空气势力较强，活动频繁所致。由于中国地域广阔，南北跨度大，春雷开始出现的时间迟早不一样，南方较早，北方较迟，"惊蛰始雷"的现象与长江流域的气候特征较为吻合。

到了惊蛰节气，"冬九九"就快数完了，寒天基本上就结束了。"九尽桃花开"，天气逐渐暖和起来了。惊蛰是全年气温回升最快的节气，大部分地区平均气温达到了12℃。春气萌动，气温回暖，雨水增多，大自然因此有了新的活力，呈现出一片生机盎然的景象。有农谚说："春雷响，万物长。"此时，中国大部分地区进入春耕季节。

农耕生产与大自然的节律息息相关，惊蛰节气是古代农耕文化对于自然节令的重要反映，所以在农耕时代有着非常重要的意义。

作为一个出生在农村、又在农村长大的人，我从小就感受到了节气与农业生产以及农家生活之间的密切关联，也格外地关注着二十四节气与季节的流转。

我想起了很多儿时记住的农谚“冷惊蛰，暖春分”“惊蛰刮大风，冷到五月中”“惊蛰吹南风，秧苗迟下种”“未过惊蛰先打雷，四十九天云不开”“到了惊蛰节，锄头不停歇”“雷打惊蛰谷米贱，惊蛰闻雷米如泥”“惊蛰不耙地，好比蒸馍走了气”等等，这些生动有趣、充满智慧的农家谚语，都是我在跟随父亲母亲干农活时听到的，听得多了，自然就记住了一些。

惊蛰时节差不多到了农历二月初了，农历二月初二，是一个非常重要的节日，民间素有“二月二，龙抬头”之说。这实际上说的是，每年农历二月初二的晚上，苍龙星宿开始从东方露头。这一天象变化被人们形象地说成“龙抬头”了，人们认为这是一个很好的征兆，也因此赋予它多重含义和精神寄托。民间有龙抬头节、春龙节等习俗，还衍生出很多民俗活动，如剃龙头。

二月初二这天，孩子们理发，叫作“剃喜头”，借龙抬头之吉日，保佑孩童健康茁壮成长；大人们也会理个发，希望带来好运，在新的一年里平安顺利。

民间还有惊蛰吃梨的习俗。惊蛰节气，乍暖还寒，气候比较干燥，身体很容易上火，吃点梨子就能缓解。所以家乡流传有谚语说：“惊蛰吃了梨，一年都精神。”一句简单的农谚，就美化了生活，让生活充满了智慧和情趣。

惊蛰有三候：“一候桃始华，二候鸧鹒鸣，三候鹰化为鸠。”

一候之时，桃花的花芽经历过严冬的蛰伏，于惊蛰节气之时开始开花。五日后，二候之时，被古人称为“仓庚（鸧鹒）”的黄鹂感受到了春阳之气，开始鸣叫求偶。《诗经》里也有记载：“春日载阳，有鸣仓庚。”再过五日，到了三候之时，鹰化为鸠。老鹰在每年二三月间飞往北方繁殖，南方已经难见其踪影，而此时正好有斑鸠飞出来，于是古时人们以为春天时的斑鸠是由秋天时的老鹰变幻出来的。也有另外一种说法认为，此时春气暖和，连一贯凶猛的老鹰也变得像斑鸠一样温顺了。

惊蛰时节的花信风来了：一候桃花，二候棣棠，三候蔷薇。

一候时，一树树沾了雨意的桃花，深红色或浅红色，竞相开放。“桃之夭夭，灼灼其华”，桃花只需与流水在一起，便能很好地勾勒出春天的百媚千娇。杜甫曾有诗云：“黄师塔前江水东，春光懒困倚微风。桃花一簇开无主，可爱深红爱浅红。”袁枚曾有诗云：“二月春归风雨天，碧桃花下感流年。残红尚有三千树，不及初开一朵鲜。”

二候时，乡野中的棣棠花在春雨的润泽下开放了，黄深绿浅，清新淡雅，娇艳匀净，为春天平添了一份魅力。范成大曾诗云：“乍晴芳草竞怀新，谁种幽花隔路尘？绿地缕金罗结带，为谁开放可怜春？”

三候时，与玫瑰、月季并称“三姐妹”的蔷薇花，开在栅栏边，花蔓柔软，香气浓郁，装点着尘世间的篱笆和院落。一个转身，一次回眸，不经意间都有可能与她惊心邂逅。秦观曾有诗云："一夕轻雷落万丝，霁光浮瓦碧参差。有情芍药含春泪，无力蔷薇卧晓枝。"春雨后的庭院一角，蔷薇横卧，无力低垂，惹人怜爱。

春雷乍响，春风送暖，惊蛰节气唤醒了整个温和而美好的春天。草木萌动了，大地回春了，空气里充满了花草与泥土的芬芳，让人忍不住要深深地多呼吸几口。

我在农家长大，所以我特别喜欢唐代诗人韦应物的这首《观田家》诗："微雨众卉新，一雷惊蛰始。田家几日闲，耕种从此起。"我也曾在某一年的惊蛰时节仿写过一首小诗："春雷响起时，农家无闲日。天明耕良田，夜晚种心思。"

春日的阳光里，当见到桃花开满园的时候，我便想起诗人崔护的那首著名的《题都城南庄》诗："去年今日此门中，人面桃花相映红。人面不知何处去，桃花依旧笑春风。"

传说有一年，崔护到长安参加进士考试落第后，在长安南郊偶遇一位美丽少女，次年清明节重访此地而未能相遇，于是题写此诗。或许这只是一个美丽的情事传说，但千百年来，它留给了人们无限的遐想与怅惘，每每读起，都犹如从心底一涌而出的清泉，清澈而醇美，令人回味不尽。

惊蛰节气，桃花红，梨花白，黄莺鸣叫，燕子飞翔，正是人间好时节，千万莫辜负啊！

春分是二十四节气中的第四个节气，每年公历3月19–22日交节。

春分，平分了一天中的昼夜，平分了三个月的春季，平衡了一年中的寒暑。

春分

合肥市师范附属第三小学五（2）班　吴宣仪

春分

一场春雨一场暖，
春雨过后忙耕田。
在这诗意的季节里，
一切农事活动
都那么富有生机和意义。
布谷声声中，
一犁春泥，
万顷新绿，
大地焕发出新的生机。

春分帖/那时青荷

春风浩荡，春分在即
应是昨夜的风，带来最美的花信
这一端，还是春寒料峭
那一端，却是花开半亩了

人说江南春来早
此生只合江南老
水是眼波横，山是眉峰聚
这一刻我只想去江南
寻找或重逢，春天的前世今生

我看见，一枝最美的桃花
从《诗经》里蓦然醒来，其华灼灼
开在我前世三月的村庄
直开成一阕动人的《如梦令》

那应是一条梦里的河流
流淌着爱情一样美丽的乡愁
在匆匆的流水之上
我如何还原一个村庄的《诗经》

只因光阴徘徊，春色终要三分
那水一样的乡愁啊
一分留给了春水碧如天
一分留给了画船听雨眠

还有一分，是颗古典的朱砂痣
一年年长在思念的心口上
只因春风浩荡过后
一半落花成泥，一半落花成冢

春分，一到便繁华

春分是二十四节气中的第四个节气，古时又称为“日中”“日夜分”“仲春之月”等，每年公历3月19—22日交节。

董仲舒在《春秋繁露》里说：“春分者，阴阳相半也。故昼夜均而寒暑平。”顾名思义，我们大抵也能知道春分的内涵：一是春分平分了一天中的昼夜，春分这天，阴阳相半，昼夜等长，往后，白天的时光就渐渐地长了，直到夏至；二是春分平分了三个月的春季，意味着春天在我们的浑然不觉间，已经悄悄地过去一半了；三是春分平衡了一年中的寒暑，天气不太冷，也不太热。

前些天，春雷滚滚，连续好几天的阴雨和倒春寒天气，让人感觉早已过去的冬天好像又绕回来了，甚至怀疑四季都有点乱套了，人们不得不把刚刚洗好收藏起来的冬衣又给找了出来。

好在这场阴雨和春寒只是短暂的，像春天里的一段插曲，丰富着春天的内容；又像是乡间调皮捣蛋的小娃，冷不防间跑出来，趁你不注意时，故意伸出沾满潮湿芬芳的泥土的小手和你闹腾一下。

谚语说：“春不分不暖，夏不至不热，秋不分不凉，冬不至不冷。”一场夹着寒气的阴雨之后，气温很快就回暖了，经过雨水与惊蛰节气，也有了充沛的雨水，明媚的春天在辽阔的江淮大地上拉开了繁华的大幕，处处都是杨柳青青，李白桃红，莺飞草长，小麦拔节，油菜花香，春笋破土而出。

“村村农务早，布谷趁春分。”春分时节，春耕、春管、春种进入繁忙阶段，家家户户都开始忙碌起来，耕种田地，发展生产。俗话说得很形象，“春分麦起身，一刻值千金”“春分一到昼夜平，耕田保墒要先行”“春分有雨家家忙，先种瓜豆后插秧”。

一场春雨一场暖，春雨过后忙耕田。对于农事来说，春分是个极其重要的节气，在这充满诗情画意的季节里，一切农事活动都那么富有生机和意义。布谷声声中，一犁春泥，万顷新绿，大地焕发出新的生机。

还记得小时候此时的情景，江淮地区的早稻开始育秧了。天气虽然还有点寒意，但勤快的农家人已经卷起裤腿，撸起衣袖，下水整理秧田了，做秧床，撒稻种，盖薄膜，播种着新春的希望。

清初诗人宋琬曾写过《春日田家》诗：“野田黄雀自为群，山叟相过话旧闻。夜半饭牛呼妇起，明朝种树是春分。”描述的正是春分时节的田园生活。

春分日到了，田野间的黄雀鸟成群结队，村里去田间做农活的老翁经过屋角田边遇见人时，聊起了过去的旧事。马上就要耕田了，主人夜里也不忘起来多喂牛一顿，并唤醒正在酣睡的妇人早点起来，准备去种树。这春分时节的农舍田家，仿佛一幅淡淡的山村风情画，清新自然，具有十分浓郁的农家气息。

春分有三候：“一候元鸟至，二候雷乃发声，三候始电。”

在古代，人们把燕子称为“元鸟”，“元”字含有“第一”的意思。燕子冬去春来，是一种最具代表性的报春候鸟，是广大农民爱护的益鸟，对于农业的规律性耕作有着重要的指导意义，在中华文化里也是美和善的象征，是一种非常典型的中国语言文化符号。农家人普遍认为，通灵的家燕如果愿意到自家屋檐下筑巢的话，不仅可以报春，还会给全家带来好运。诗人刘禹锡曾在

《乌衣巷》诗中感慨："朱雀桥边野草花，乌衣巷口夕阳斜。旧时王谢堂前燕，飞入寻常百姓家。"

燕子是最灵活的雀形类之一，整个背部是蓝黑色的羽毛，带有一点金属光泽的蓝或绿色，所以古时又被称为"玄鸟"。

春分时节，天气一暖，每年秋分前后飞到遥远的南方越冬的燕子，又开始飞回北方，衔草含泥，筑巢居住，生儿育女，开始崭新的生活。惊蛰时的几声隐约的雷声，往往让人难以察觉，真正多雷多雨的时节是在春分，天气转暖，雨水增多，空气格外湿润。有心的话，在有雨的夜里，听到雷声之前，我们也会看到云间凌空劈下的闪电，划破寂静的夜空。

欧阳修曾有诗云："雨霁风光，春分天气。千花百卉争明媚。"对应三候的海棠、梨花和木兰花，在春分季节，在和煦的春风里竞相开放了。

一候时，海棠花盛开，花姿明艳，妩媚动人，有"花中神仙""花之贵妃"等美称，深受人们喜爱，文人墨客更是对其情有独钟，所以诗句不计其数。如苏轼的《海棠》："东风袅袅泛崇光，香雾空蒙月转廊。只恐夜深花睡去，故烧高烛照红妆。"又如李清照的《如梦令》："昨夜雨疏风骤，浓睡不消残酒。试问卷帘人，却道海棠依旧。"

二候时，洁白如雪的梨花开放了，素雅清淡，幽香沁人，历来为大众所喜爱，也自然是诗词中的常客。晏殊诗云："梨花院落溶溶月，柳絮池塘淡淡风。”张炎词云：“劳劳燕子人千里，落落梨花雨一枝。”

三候时，木兰花开了，风姿独特，花瓣肥硕，清香而饱满。木兰有早春时开花的，也有仲春与晚春时开花的：立春时节的第三候，望春花开；春分时节的第三候，木兰花开。晚唐诗人裴廷裕曾有诗云：“微雨微风寒食节，半开半合木兰花。看花倚柱终朝立，却似凄凄不在家。”

元稹曾写过《咏廿四气诗・春分二月中》诗：“二气莫交争，春分雨处行。雨来看电影，云过听雷声。山色连天碧，林花向日明。梁间玄鸟语，欲似解人情。”诗人将农历二月间的景象写得很形象，很生动。

诗人袁枚说：“春风如贵客，一到便繁华。”是啊，和严冬相比，此时的春风格外的高贵与繁华，给人希望，惹人欢喜，人们待她就如对待贵客一般。春风一到，万物复苏，天地间一切都热闹起来了，人们的心也荡漾了起来。

“阴雨春分时候，柳塘水绿如油。燕子归寻旧垒，杏花开满墙头。”谁不喜欢这般美好的季节呢？我也曾在春分时节写过一首小诗：“河边柳色深，无意沾红尘。日月平分处，春风最撩人。”

春分之后，便是清明。按照家乡的习俗，清明祭祀得提前安排时间做，所以每年我都在春分时节回老家做清明，此时正好还可以赶上看看家乡正在遍地开放的油菜花。

清代文学家顾贞观曾有诗云："趁取春光，还留一半，莫负今朝。"时光真的很美好，莫虚度，这一年，人间还有一个半月的春天。赏花，踏青，寻亲，会友，做我们想做的事情，让这个春天留下我们美好的踪迹。

人間節氣

清明

清明是二十四节气中的第五个节气，每年公历4月5日前后到来。清明既是节气，又是传统节日。天地万物生长于此时，皆清洁而明净。

合肥市青年路小学银杏苑校区六（12）班　孙海宸　指导老师　段宇冰

清明

清明时节，
春雨刚歇，
微风乍起，
柳絮乱飞。
这飞扬的柳絮啊，
犹如人的思绪，
是有情感的。
这是一个季节的标志，
这是易逝岁月的悄悄流转。

清明帖/那时青荷

清明时节，细雨纷纷
多少年过去，行人还在最初的路上
那通往杏花村的方向
无须借问与遥指，已是一片诗的泥泞

多少年过去，只有雨水还如此洁净
而道路依旧水复山重
在春天，只要遇见一个牧童
就会遇见一个村庄的柳暗花明

我相信人间三月的村庄
是永远的春和景明，草长莺飞
我相信阡陌之上，男耕女织
喂马、劈柴、关心粮食和蔬菜
原都是幸福最古老的细节

也是这一路上，寸寸沁着花香的记忆

这一刻不说河流清澈，山空人静
不说离别与生俱来，也不说
思念如影随形，宛若野花一片幽蓝
这一辈子，这一路上，这茫茫人海中
我们只凭借雨水，寻找或相认
因为美好，所以失散的灵魂

花开花落多少年过去
我开始相信，慈悲懂得是一种清明
面朝大海，春暖花开，是一种清明
万物美好，我在其中，也是一种清明

雨在下，雨一直在下
是谁还在雨里，一遍遍临摹《寒食帖》
是谁还在雨里，一句句重温《游子吟》
是谁还在雨里，一年年遥指杏花村

清明，柳絮正飞时

“清明时节雨纷纷，路上行人欲断魂。借问酒家何处有？牧童遥指杏花村。”又到了清明时节，我们自然又会想起这首耳熟能详的古诗。关于“清明”节气的古诗，这应该是我们最熟悉的一首。

我对清明节气的印象之一便是雨了。记得这些年的清明节我回老家祭祖和探亲时，差不多都是阴天时有小雨的天气。断断续续的小雨更是让人思绪万千。

杜牧的这首《清明》，生动描摹了清明时节的景象：清明时节，绵绵细雨之下，路上羁旅行人个个落魄断魂，想要借酒消愁，询问酒家时，牧童笑而不语，指了指杏花深处的那个村庄。

“春分后十五日，斗指丁，为清明，时万物皆洁齐而清明，盖时当气清景明，万物皆显，因此得名。”《历书》里的这段记载，为清明这个节气做了很好的诠释：天地万物生长于此时，皆清洁而明净。

清明是二十四节气中的第五个节气，每年公历4月5日前后到来。清明既是节气，又是传统节日。清明节与春节、端午节、中元节、中秋节、重阳节、冬至节等一样，是中国的传统节日。作为传统节日，其文化内涵和社会价值都远远胜于其他节日，有着非同寻常的意义。自古以来，它就饱含着人民群众最朴素的情感和最本真的愿望。

清明有三候：“一候桐始华，二候田鼠化为鴽，三候虹始见。”此时，桐树开始开花，纯白的桐花迎风开放；田鼠因烈阳之气渐盛而躲回洞穴，喜爱阳气的鴽鸟开始出来活动了；云薄漏日，日穿雨影时，天空现出美丽的彩虹。此段时间里，只要细心观察，我们就会看到见证三候的节气之花：桐花、麦花与柳花，它们寄予着人们丰富的情感。

作为节气的清明，自然是春耕春种的大好时机。关于清明节气的谚语里，就有很多和播种与农耕有关：“祭罢祖，就种瓜”“清明前后，种瓜点豆”“清明种瓜，船装车拉”“植树造林，莫过清明”“清明不上粪，越长越短劲”“雨打清明前，洼地好种田”“清明谷雨两相连，浸种耕种莫迟延”“清明前后雨纷纷，麦子一定好收成”“清明前后一场雨，强如秀才中了举”等等，生动而形象。

而作为节日的清明，则是民间百姓寄放情感的传统日子。曾子曰：“慎终追远，民德归厚矣。”清明祭扫，便是中国人自古流传下来的重要习俗之一。清明时节，总会让人自觉不自觉地想起一些人，想起一些事，关乎逝者，也关乎生者。南宋诗人高翥《清明日对酒》诗云：“南北山头多墓田，清明祭扫各纷然。纸灰飞作白蝴蝶，泪血染成红杜鹃。日落狐狸眠冢上，夜归儿女笑灯前。人生有酒须当醉，一滴何曾到九泉。”

祭祖，不仅仅是表达思念，更是为了记住，记住故去的他们，也记住自己，才知道自己从何而来，又去往何处。唯有记住，我们才能够明白生命的意义。电影《寻梦环游记》里有句台词说得很好：“死亡不是永别，忘记才是。”我相信是这样的。

还记得有一年回老家做清明时，蒙蒙细雨之中，在父亲的坟前，我写了一首小诗，表述当时的心境：“回忆少年清明时，父亲带我去上坟。如今跪拜多一处，不见当年上坟人。”

除了寄托哀思以外，清明也是个欢愉的好时节。

清明节气适逢仲春与暮春之交，天气清澈明朗，气温转暖，草木萌动，万物吐故纳新，欣欣向荣，大地呈现出一派春和景明之象，人的心情也舒朗起来，这正是人们纵享春光、亲近自然的大好时节。

词人晏殊的《破阵子》（燕子来时新社）写得极好：“燕子来时新社，梨花落后清明。池上碧苔三四点，叶底黄鹂一两声。日长飞絮轻。巧笑东邻女伴，采桑径里逢迎。疑怪昨宵春梦好，元是今朝斗草赢。笑从双脸生。”

清明时节，天气渐渐转暖，海棠与梨花刚刚凋谢，柳絮又开始飞花。春社将近，已见早燕归来。农家的园子里有个小小的池塘，池边点缀着几点青苔，在茂密的枝叶深处，时时传来黄鹂清脆的啼叫声。此时，一群天真纯洁的少女走出深闺，尽情地沐浴在大自然的欢愉之中。

古代的上巳节，俗称“三月三”，是汉民族非常重要的传统节日。相传“三月三”是黄帝的诞辰日，这天，人们纪念黄帝，自古就有“二月二，龙抬头；三月三，生轩辕”的说法。农历三月初三时，差不多正是清明节气前后，人们结伴去水边沐浴，举行祭祀宴饮、曲水流觞等习俗活动，纷纷到郊外游春。杜甫曾有诗云：“三月三日天气新，长安水边多丽人。”

清明节前一两天的寒食节也是中国民间最重要的传统节日之一。它的内涵特别丰富，起源有周代禁火说、古代改火说和纪念介子推说，习俗活动有禁火、冷食、祭祖、蹴鞠与荡秋千等。韦应物有诗云：“清明寒食好，春园百卉开。彩绳拂花去，轻球度阁来。”生动地描绘了清明时节满园春色的景象：姑娘们在园内荡秋千，彩绳拂落了花朵；小伙子踢球为戏，轻盈的球越过了阁顶。

后来，上巳节、寒食节与清明节三个节日逐渐融合为一个节日，那就是清明节。将祭祀与游玩巧妙地融合在一起，将生者与逝者、伤感与欢乐很好地联系起来，既科学、肃穆，又喜庆、欢悦，这是清明给予我的第二个印象了。

柳絮是清明时节给予我的第三个印象。这几天，柳絮正在飞扬。城里是，故乡更是。柳絮并非柳花，而是柳树的种子和种子上附生的茸毛。仔细观察，我们就会发现，在一团团柳絮的中间，都裹有一粒粒很小很小的种子。细长的茸毛便与柳树的种子一起在风中传播开来，这是大自然中生命的神奇之处。

写柳絮的诗词非常多，不乏很多大家名作，如韩翃的“春城无处不飞花，寒食东风御柳斜”，苏轼的“梨花淡白柳深青，柳絮飞时花满城”，欧阳修的“每听鸟声知改节，因吹柳絮惜残春”，李商隐的“偷随柳絮到城外，行过水西闻子规”，黄庭坚的“可无昨日黄花酒，又是春风柳絮时”，杜甫的“短短桃花临水岸，轻轻柳絮点人衣”。这其中，有伤感的，有欢喜的，也有哀怨的。

每年的清明时节，柳絮纷飞，就听到有人“抱怨”，我倒是觉得挺好的：这是一段令人难忘的时光，这是一个季节的标志，这是易逝岁月的悄悄流转。

我很喜欢唐代诗人李中写的这首题为《柳絮》的诗："年年二月暮，散乱杂飞花。雨过微风起，狂飘千万家。"短短20字，只写了柳絮飘飞，却深深触动了我们脆弱的心扉。

年年农历二三月间的清明时节，都有柳絮漫天飞舞。春雨刚歇，微风乍起，从古至今，风景如此相似，却早已物是人非。依依柳树下，微风细雨中，它们会飘到哪里去呢？这飞扬的柳絮，犹如人的思绪，是带有情感的。

人間節氣 谷雨

谷雨是二十四节气中的第六个节气，每年公历4月20日前后交节。谷雨有雨生百谷之意，是万物生长的最好时光，也是农家播种的极好时节。

合肥市潜山路小学六（5）班　汪小天

穀雨

谷雨是有温度和情感的，
它默默无声地
润养着百谷生长，
是大自然对人间的恩赐。
走在田野间，
静下心来，
我们真的能听到
百谷生发的滋滋声。

谷雨帖/那时青荷

雨生百谷，时至暮春
又是人间四月，花褪残红青杏小
我故乡的村庄、田野和庄稼
尽在一片鹧鸪声里了

这让我想起从前的光阴
每个春天，都带着一段诗经的记忆
慢慢从在河之洲，到汉水之畔
慢慢地采薇、采蘋、采蘩……
及至暮春，春服既成
一路看山看水，看一场花事烂漫

这一场场花事，一路裹着唐诗的芳香
慢慢开到宋词的小令里
开成一阕人间四月《鹧鸪天》

一纸细雨如烟的乡愁

原来姹紫嫣红开遍
上半阕，似这般都是良辰美景
下半阕，却依旧流年似水韶光贱
韶光贱啊——
一回回红了樱桃，绿了芭蕉
一番番花信过后，又见细雨湿了楝花

我愿意去往从前的光阴
海棠花里寻往昔
案上，还是那杯从前的谷雨茶
门前的落花，还是那么慢

我愿意，以这一生一世的光阴
做一回晴耕雨读的子民
左手七件事，柴米油盐酱醋茶
右手七件事，琴棋书画诗酒花

谷雨，有雨生百谷

清明之后，到谷雨了。谷雨是二十四节气中的第六个节气，也是春季的最后一个节气，每年公历4月20日前后交节。谷雨之后，就进入初夏了。

《月令七十二候集解》中记载：“三月中，自雨水后，土膏脉动，今又雨其谷于水也……盖谷以此时播种，自下而上也。”《群芳谱》中也有记载：“谷雨，谷得雨而生也。”由此可见，谷雨有“雨生百谷”之意。

《淮南子·本经训》中有这样的记载：“昔者仓颉作书，而天雨粟，鬼夜哭。”大概意思是说，仓颉创造出文字的时候，上天和鬼神都被感动了，白天天上下起了粟米雨，夜里鬼神在啼哭。2010年，联合国宣布启动联合国语言日，将“联合国中文日”定为每年的4月20日，即中国传统节气谷雨这一天，以纪念中华文字始祖仓颉造字的贡献。

谷雨时节是万物生长的最好时光，也是农家播种的极好时节。地里播种移苗、种瓜点豆，田中秧苗初插、作物新种，一切生命都需要雨水的滋润；正好此时，天气温和，降水明显增多，雨量充足而及时，非常有利于越冬作物的返青拔节和春播作物的播种出苗。不得不说，大自然就是如此的神奇。

谷雨和雨水、小满、小雪、大雪等节气一样，都反映了此时降水的状况，但稍微用心点，我们就会发现，谷雨时节的雨很特别，它不像夏季的雨那样猛烈，也不像秋冬的雨那样清冷，它不冷也不热，带有春天独有的气息，默默地滋生润养着人间万物。

谷雨有三候："一候萍始生，二候鸣鸠拂其羽，三候戴胜降于桑。"

门前的小池塘里，雨滴掉落，春水轻皱，浮萍初生，无声无息，但却时时蕴藏着生长与生命勃发的力量；勤快的布谷鸟开始梳理羽毛，一声接着一声地鸣叫，催促着人们及时播种；桑树上长出翠绿的新叶，停在枝头的戴胜鸟提醒人们到了采桑养蚕的时节了。

布谷晨鸣，戴胜止桑，两种鸟应时而来，在农村长大的人，这是最熟悉不过的场景了。这个时节，随处都可以看到它们的身影，听到它们的叫声，它们无时无处不在提醒人们，新一轮的春种农忙开始了。

记忆中，太多的农谚叙说着仿佛还在昨日的农事活动："谷雨时节种谷天，南坡北洼忙种田""谷雨节到莫怠慢，抓紧栽种苇藕芡""谷雨栽上红薯秧，一棵能收一大筐""清明早，立夏迟，谷雨种棉正当时""清明麻，谷雨花，立夏栽稻点芝麻""谷雨不种花，心里像猫抓""谷雨前早种棉，谷雨后就种豆""一壶水，浇五棵，地干也能保成活"……

一切正当时啊。棉花、玉米、红薯、花生、茄子以及各种瓜与豆的种子种入泥土之后，就着春夏之交的雨和热，开始慢慢生长了，果实的收获指日可待。屋子里的蚕儿静静地吃着桑叶，一天天地长大，经过反反复复的睡眠与蜕皮之后，身体变得透明，准备吐丝了。

家乡门前清明前后开始发芽的香椿头，现在已经长成一簇簇的了，鲜红色的嫩芽，饱满而没有绽开，鲜嫩如丝，散发出一阵阵浓郁而诱人的清香，也正是醇香爽口的时候了，可以采摘第一茬了。

从冬季里的小寒到春季里的谷雨这八个节气，是自然界大部分花开放的时期，多情的人们根据物候现象挑选出最应每个时节的三种花，共二十四种花，组成“二十四番花信风”，真可谓“风有信，花不误”。

牡丹在谷雨的第一候时开放，谚语说：“谷雨三朝看牡丹。”牡丹花也被称为“谷雨花”“富贵花”。晚唐诗人皮日休这样夸它：“落尽残红始吐芳，佳名唤作百花王。竞夸天下无双艳，独立人间第一香。”一语道破了牡丹“一花独放，独香天下”的与众不同。

牡丹之后便是荼蘼。荼蘼花枝梢茂密，洁白柔软，花繁香浓。“荼蘼不争春，寂寞开最晚。”所谓“开到荼蘼花事了”，便是说荼蘼花带有暮春的气息，开过之后，春天便快过完了。

三候时楝花开放。形似丁香的淡紫色小花，丛丛生在高高的树梢之上。王安石曾有诗云：“小雨轻风落楝花，细红如雪点平沙。”若有若无的和风细雨，轻轻地落在楝花弱小的花瓣上，点缀着山野。至谷雨节气之时，二十四番花信风吹遍，春季便快结束了，随后将迎来立夏。

谷雨时节，茶芽到了最饱满、最成熟的时候，与清明时采摘的明前茶相比，虽是少了几分细嫩，但却芽叶肥硕，色泽翠绿，叶质柔软，多了几分纯正鲜浓的滋味。在南方一些地区，人们还有喝谷雨茶的习俗。据说，谷雨这天喝谷雨茶可以清火明目，还可以辟邪呢。郑板桥曾有诗云：“不风不雨正晴和，翠竹亭亭好节柯。最爱晚凉佳客至，一壶新茗泡松萝。几枝新叶萧萧竹，数笔横皴淡淡山。正好清明连谷雨，一杯香茗坐其间。”

谷雨，一个充满诗情画意的名字，成了诗人笔下浪漫的情怀，成了人们美好生活的源泉。我也曾为“谷雨”写过一首小诗：“有雨滋滋生百谷，有烟袅袅飘村前。有麦青青散于野，有你深深居心田。”

谷雨是有温度和情感的，它默默无声地润养着百谷生长，是大自然对人间的恩赐。走在田野间，静下心来，我们真的能听到百谷生发的滋滋声。此刻，袅袅炊烟已在村口飘荡，看，一股，又来一股，有你家的，也有我家的；看，那一股轻轻柔柔的烟，是从谁家飘过来的呢？

小麦经过冬的孕育，春的生发，已经长大了，像个大姑娘一样，毫无羞涩，青翠欲滴，野蛮地生长在乡村的田野里。一切都是最好的安排，这其中还有一个你，一直深深地蛰伏心头，或是一个人，或是一件物，或是一个场景，或是一个念想，或是一个美好，或是一个信仰。

我描述的只是一片人间烟火，这或许只是我的一个梦想：春雨、百谷、炊烟，还有一个自己。人们常说，修行就是不食人间烟火；我看不是，修行恰恰就是用心去感受人间烟火。

柳絮飞落，杜鹃夜啼，牡丹吐蕊，樱桃红熟，鸟弄桐花，鱼翻浮萍，一切多美啊！我希望从今往后，普天之下的芸芸众生，都能辛勤劳作，都有永远吃不完的粮食和永远不孤独的心灵。在我看来，这便足矣。

人间暮春，雨落情长，阅尽春色之后，我们便静候夏日悄然而至了。

人間節氣

立夏

立夏是二十四节气中的第七个节气，每年公历5月6日前后来临。阳气渐长，万物都随着阳气上升而茁壮成长，春天播种的农作物已经直立长大了。

合肥市第一中学瑶海校区高二（42）班　苏小茶

立夏

豌豆、蚕豆熟了，
黄瓜、莴笋熟了，
苋菜、空心菜也熟了，
一切都是新鲜的样子；
小麦扬花灌浆，
油菜结角，
都快要饱满了；
荷叶亭亭玉立，
青翠欲滴。

立夏帖/那时青荷

刹那立夏，繁花似已落尽
只是恍惚之间，落花流水春去也
春去也，且将樱笋饯春归
看一窗新绿，看桐花覆上井栏

且拾一朵桐花，淡淡细说往事
说一回往事荏苒，时光枝枝相连
那些年少的轻狂与轻愁
而今宛如桐花，素朴无言

是多少回，在花开的陌上
遇见一种清澈见底的欢喜
又多少回，留春春也不住
独有一架蔷薇，轻轻摇曳在风中

倘若一些细水长流的美好
可以石头一般沉在心底
那么一杯清茶，一本旧书
足以轻掩，恰似落花的轻叹

刹那立夏，就让一切生如夏花
让所有的植物，在自己的光阴里
好好拔节，好好生长
长出前所未有的美与灿烂

愿所有的新绿，潺潺如一江春水
长成记忆里，一面长风万里的帆
最美的行走，遇见最美的自己
最美的时光，总在一朵落花之上

立夏，明媚且张扬

不知不觉中，我们便和春天暂时告别了，时光悄悄过去了整整一个季度。

立夏是二十四节气中的第七个节气，是夏季的第一个节气，每年公历5月6日前后来临。“立”即“开始”之义，立夏便预示着春季已经结束，炎热的夏季要开始了。

最近早上出门，我明显感觉到了阳光比前些日子更加明亮，天气也一下子热了起来。天气预报说，这几天安徽的最高气温已有30℃了，我深深感受到了大自然四季轮转的气息与力量。而在黄河中下游地区，有谚语说：“虽然立了夏，依旧春当家。”此时，还没有在真正意义上进入夏季。

淮河以南地区，万物繁茂，农作物也进入了生长的旺季。大江南北正赶上了早稻栽插、茶叶采制、种瓜点豆的大忙季节，所以就有了“多插立夏秧，谷子收满仓”“谷雨很少摘，立夏摘不辍”“立夏前后，种瓜点豆”等诸多农谚。

我特别喜欢农谚，也许这和我小时候的生活与成长经历息息相关吧。和父亲母亲一起干农活以及和乡亲们在一起相处的那些年，我听到了很多与天气、农业生产以及日常生活有关的生动精彩的农谚，常常是在田间地头里听到了，默默念着，记在心里，回到家里就写在小本子上，这比上课学习知识带劲多了。

“过罢谷雨到立夏，农民动犁又动耙”“四月插秧谷满仓，五月插秧一场光”“豌豆立了夏，一夜一个杈”“立夏到小满，种啥也不晚”“立夏麦咧嘴，不能缺了水”“立夏不锄草，三天锄不了”“立夏东南风，大旱六月中”等等这些，都是立夏时节挂在农人们嘴边的有趣谚语，听到了就难以忘记。

宋代诗人翁卷《乡村四月》诗云：“绿遍山原白满川，子规声里雨如烟。乡村四月闲人少，才了蚕桑又插田。”诗人说，初夏季节，江南的山间原野，到处都是绿油油的，满河的流水映着天光，白茫茫的一片，在如烟似雾的细雨中，杜鹃鸟不时地鸣叫着，催促着农事。乡村的四月正是最忙的时候，农家人刚刚结束了蚕桑的事，又要忙着插秧了。

前天我在电话里问母亲："马上立夏了，现在大家都在忙着插早稻秧了吧?"母亲跟我说："现在生活好了，人也懒了，很少有人种早稻喽，都是种单季的杂交稻呢。"

我想起小时候参与农活的那些光景，家家种的都是双季稻，人们就着季节，就着充足的阳光和雨水，在孕育着生命的稻田里，种一季早稻，又种一季晚稻，周而复始。

立夏时节，正是插早稻秧的时候。每年五一劳动节学校放假那几天，正好参与劳动，我们可以帮助家里干些农活，拔秧，抛秧，插秧，种瓜，点豆，施肥……那些场景历历在目。

此时，天气还不算炎热，干农活便不算很辛苦；但到了早稻收割、晚稻栽秧那些天，酷暑难当，既要抢收又要抢种，农家人都在和时间赛跑，收慢了就会种迟了，种迟了，成长的日子就不够数，大家不得不一边要迎着太阳干，一边又要和烈日躲猫猫，真是辛苦极了。所以母亲说现在不种早稻了，我自然想到了如此安排便没有了让人想起来还头皮发麻的"双抢"了，农家人苦熬的日子总算是过去了。

立夏时节，阳气渐长，万物都随着阳气上升而茁壮成长。《月令七十二候集解》里解释说："夏，假也，物至此时皆假大也。"《说文解字》中也说"夏"通"假"，有"大"的意思，因此"立夏"又预示着春天播种的农作物至此已经直立长大了。如果说春天是生的季节，那么夏天便是长的季节。古人认为，春是天地和同，草木萌动，夏是天地始交，万物并秀。明代著名戏曲作家、养生学家高濂在《遵生八笺》里说："孟夏之日，天地始交，万物并秀。"

立夏时节有三候："一候蝼蝈鸣，二候蚯蚓出，三候王瓜生。"

此时，可听到蝼蝈在田间地头不停地鸣叫。东汉经学集大成者郑玄注解说："蝼蝈，蛙也。"清代历史学家朱右曾进一步校释："蝼蝈，蛙之属，蛙鸣始于二月，立夏而鸣者，其形较小，其色褐黑，好聚浅水而鸣。"紧接着，大地上便可看到蚯蚓忙着掘土，王瓜的藤蔓也开始快速地攀爬生长，乡间田埂上的各种野菜也彼此争相生发出来了。

豌豆、蚕豆熟了，黄瓜、莴笋熟了，苋菜、空心菜也熟了，一切都是新鲜的样子；小麦扬花灌浆，油菜结角，都快要饱满了；荷叶亭亭玉立，青翠欲滴。初夏的季节，阳光明媚，万物张扬，真好。

清代诗人蔡云在《吴歈百绝》中写道："消梅松脆樱桃熟，新麦甘香蚕豆鲜。"吴歈，即吴地的歌曲。蔡云以诗记事，生动形象地刻画了一系列吴地的民情风俗。

我对家乡鲜嫩的蚕豆的记忆也是深刻的。少年时期的立夏时节，嫩蚕豆饱满了，母亲摘一些回来，剥去外壳，煮熟，用针线穿起来，供我带到学校去补给，嘴馋的时候就拽一颗下来，塞到嘴里。别的同学也大多是这样，那些天，午后去学校，几乎人人脖子上都挂着一串煮熟的嫩蚕豆，看起来像戴着翡翠项链一般。现在想起来，那时农家的孩子真会想点子找乐。

古时，在立夏这天，还有“称重”的习俗。西汉大辞赋家司马相如就曾在《立夏》诗里写道：“南疆日长北国春，蝼蛄聒噪王瓜茵。新尝九荤十三素，谁家村西不称人。”这首诗概括了立夏时节中华大地的气候特点、节气三候以及民间“尝新”与“称重”的习俗。

吃过午饭，人们会在村口挂起一杆大木秤，在秤钩上绑一个凳子，村民们轮流坐到凳子上去称重。看秤的人会一边打秤花，一边说着吉利话，秤老人时会说“秤花八十七，活到九十一”，秤女子时会说“姑娘一百零五斤，员外人家找上门”，秤小孩时则会说“秤花一打二十三，小官人长大会出山”。这也是普通百姓对美好生活的一种愿望和祝福吧。

这是多么有趣的一个习俗。如今，很多地方还保留着，或许，现在这只是民俗体验罢了。而在物质贫乏的那个时代，人们多以胖为好，关注体重的增长变化，关注身体健康，正代表着人们内心深处对“清静安乐，福寿双全”的美好祈盼。

炎暑将至万物长，日光明媚且张扬。我也有段时间没有回老家了。家门前的香椿头、菜园里的嫩蚕豆都快老去了吧，洋槐花也要谢去了吧，屋后的那个池塘里，蛙儿是不是依然鸣叫到天明呢？

人間節氣

小满是二十四节气中的第八个节气，每年公历5月20—22日交节。从小满开始，雨水会渐渐地多起来，夏季成熟作物的籽粒已经饱满。

合肥市颐和佳苑小学青阳路校区五（8）班 方一舟 指导老师 张 艳

小满

小满节气里，
隐藏着一种
蓄势待发的力量，
又彰显着一种
悠然自得的心态。
处于小满，
依然还有美好的期盼；
接受小满，
便可以知足常乐。

小满帖/那时青荷

只是小满，长夏未央
纵然绿遍山原，南风却浅浅地吹
吹过我故乡的麦田
吹过我的木窗、园圃及长廊

我曾经坐在故乡的麦田里
等待及遥望一个葳蕤的自己
像棵落英满地的树
守望梦一般的绿荫与幽凉

忽然感觉，如此便是安稳静好
只要南风浅浅在吹
就有些微的芬芳，氤氲而来
就有一种贴近内心的明朗

也忽然相信，所有的安静和生长
都带着一种饱满的力量
每一颗麦粒，都是一种小小的圆满
足以喂养一生的温暖或苍茫

就这样，以一种小满的尺度
丈量内心的半亩田园
沿着诗经的方式，种朴素的植物
开朴素的花，结朴素的果

就这样，以一颗小满的心
慢慢打开一页生活的禅
小满，是花看半开的清喜
是月未圆时的皎皎在望
一生需要一回小得盈满

小满，将满而未满

小满是二十四节气中的第八个节气，是夏季的第二个节气，每年公历5月20—22日交节。

小满时节，正是江南地区栽秧的季节。此时，雨水会渐渐地多起来，所以有民谚云：“小满小满，江河渐满”“大雨下在小满前，农民不愁水灌田”，可见小满反映着这个节气雨水比较丰盈。所以，小满的“满”有雨水量充盈的意思。从小满开始，降水会陡然增多，加上之后的芒种和夏至，它们是全年雨水量相比而言最多的三个节气。

但这也未必，小满时节很容易出现持续干旱的天气，这对农作物生长非常不利，所以民间流传有“小满不满，无水洗碗”“小满不满，干断田坎”“小满不满，芒种不管”“小满有雨豌豆收，小满无雨豌豆丢”等农谚。

今年的小满就是这样，天气预报说，接下来的半个月里，江淮大地雨水很少。但季节不等人，到了栽秧的时节，秧苗不及时栽下去，就要影响收成了。难怪自古以来，民间就有小满“抢水”与“祭车神”等农事习俗。

小满这一天黎明之时，农人们就集中起来，举行盛大的仪式，敲锣击鼓，然后一起踏上事先就请出来的架设好的水车，集体式地引水灌田，以缓解旱情，当然这其中也有祈盼水源旺盛之意。

小满时节，夏季成熟作物的籽粒，如江淮地区的冬小麦，已经饱满，但还未到成熟收割的时候，人们已经做好了收获的准备；北方地区会晚一些，但籽粒也开始灌浆，就要饱满了。此时，早熟一步的油菜已经黄了，正在收割了。这几天我打电话给母亲，母亲说：“家里的油菜已经割完了，放在地里晒上几天，再把菜籽揉下来就行了。”油菜籽收割回来晒干之后，农家人再将它们运到镇上的油坊里，用油车压榨成菜籽油，这样，农家一年的食用油就有了。

此时，蚕开始结茧了，勤劳的养蚕人要忙着用缫丝车进行缫丝了，有些地方还会举行祈蚕节习俗活动，还会到蚕娘庙去供奉，以祈愿丰收。清代道光年间苏州文士顾禄的著作《清嘉录》

中有相关记载："小满乍来，蚕妇煮茧，治车缫丝，昼夜操作。"由此可见当时江南地区蚕农丝商们忙碌的盛况。

民间谚语说："小满动三车。""三车"指的便是农家常用的水车、油车和丝车。小满时节，江南的农村三车齐动，处处都是一派繁忙的景象。

小满有三候："一候苦菜秀，二候靡草死，三候麦秋至。"

小满时节，苦菜已经茎叶繁茂，炒食或者凉拌，正是时候。苦菜是古时人们最早食用的野菜之一，可谓"春风吹，苦菜长，荒滩野地是粮仓"。紧接着，一些喜阴的枝条细软的草类在强烈的阳光的照射下渐渐枯死。到小满节气的最后一个时段，虽然时间还是夏季，但对麦子来说，却到了成熟的"秋"时，这正如《月令》中所说："秋者，百谷成熟之时，此于时虽夏，于麦则秋，故云麦秋也。"

唐代诗人元稹在《咏廿四气诗·小满四月中》里就把小满三候写尽了："小满气全时，如何靡草衰。田家私黍稷，方伯问蚕丝。杏麦修镰钐，锄欔竖棘篱。向来看苦菜，独秀也何为？"

小满前后，农家，丰收在望；山野，生机勃勃；村庄，绿荫葱茏。此时，大江南北，满林烟雨，枇杷黄透，桑葚垂熟，青柳满江岸，榴花开欲燃，莲叶田田如盖，熏风徐徐入怀，一切都是那么诱人啊！

在二十四节气中，大小对称的节气有三对：小雪与大雪、小暑与大暑、小寒与大寒，唯有小满节气很特殊，只有小满而没有“大满”。这难道是古人的疏忽吗？当然不是。原来小满时，阴阳二气中的阳气正在上升，呈现出小满的状态，渐渐地，一个月后，阳气会达到极致，此时便是夏至了。从这个角度说，小满之后一个月的夏至应该就是二十四节气中没有出现的“大满”了。

人的一生，不满，则空留遗憾；过满，则招致损失。“小得盈满”，这不是最好的状态吗？欧阳修在《五绝·小满》诗里这样写道：“夜莺啼绿柳，皓月醒长空。最爱垄头麦，迎风笑落红。”世间的一切，不就正如小满时节田垄间迎风的麦子吗？小满，则傲立风中；大满，则凋零落地。这或许正是小满这个节气给予我们的人生智慧。

小满，是知足常乐的人生态度，无数的生活体验与生命经历告诉我们：大满并非生命最理想的状态，也非人生追求的目标；世间万物十全十美的背后，一定隐藏着盛极必衰的趋势与危险。《菜根谭》里说：“花看半开，酒饮微醉，此中大有佳趣。若至烂漫酕醄，便成恶境矣。履盈满者，宜思之。”这段话，细细品之，会大有裨益。

晚清名臣曾国藩也极其推崇“花未全开月未圆”的人生状

态，一生中他从不刻意追求张扬和极致，他的书斋也被他命名为“求阙斋”。他曾在写给弟弟的家信中告诫说：“平日最好昔人‘花未全开月未圆’七字，以为惜福之道，保泰之法，莫精于此，曾屡次以此七字教诫春霆，不知与弟道及否？”春霆，即曾国藩的爱将鲍超，晚清湘军名将，重庆奉节人，字春霆，一生征战无数。

单就名字而言，二十四节气中，我最喜欢“小满”了。《说文解字》对“满”的解释是：“满，盈溢也。”《月令七十二候集解》中说：“四月中，小满者，物至于此小得盈满。”我想，如果有子取名“小满”，也是极好的啊。

月盈则亏，花繁则凋，水满则溢。而小满时节，万物将满未满，将熟未熟，孕育着生长与收获的希望。小满节气里，隐藏着一种蓄势待发的力量，又彰显着一种悠然自得的心态。

小，还可以变大、增多、往上，也意味着生长的潜力和向上成长的空间；大，只能变小、减少、往下，也意味着开始走向衰退，这是天地之间万物运行亘古不变的规律。

小满者，满而不损，满而不盈，满而不溢。生活处于小满，依然还有美好的期盼；人生接受小满，便可以知足常乐。从这个角度说，小满是一年中最佳的季节，也是人生最好的状态。人间烟火中，一点小欢喜，一点小幸运，一点小满足，不多不少，一切刚刚好。

我也曾为“小满”写过四句小诗：“江南麦子饱未黄，农家水稻正栽秧。人间小满刚刚好，忙里闲时饭菜香。”我由衷地喜欢这个节气。

人間節氣

芒种是二十四节气中的第九个节气，每年公历6月6日前后交节。北方地区的人们忙着收割麦子，南方地区的人们忙着插秧种稻。

合肥市师范附属第三小学六（1）班　刘瀚文

芒種

片片麦田里，
既孕育着
生活的温柔和慈悲，
又隐藏着
生命的凛冽与傲骨。
芒种，
不仅是农家人
收获与播种的繁忙，
对所有人来说，
又何尝不是呢？

芒种帖/那时青荷

及至芒种，便是黄梅时节
雨季如期而至，仿佛记忆的绵延
昔年曾见的旧光阴
宛若一幅隔山隔水的水墨

我曾在记忆的原乡里
一年年遇见，前世的青草池塘
一年年遇见菖蒲绿、艾草香
栀子花开，一朵朵素雅的白

及至芒种，该成熟的已经成熟
该生长的，正在生长
所有芸芸众生，注定要开始经历
一场有关收获与种植的传说

——有约不来，闲敲棋子
雨声重重，当那遗落于前世的等待
已瘦成一粒光芒闪烁的灯花
谁还会怀揣一卷宋词
慢慢抵达，或靠近内心的平仄

那时幽窗下，我一直感觉
我玩的是西江月，忆的是少年游
采的是陌上桑，折的是故园柳
在原乡之上，会遇见所有人的原乡
在流年之外，会遇见更清澈的流年

及至芒种，我只愿与你重回故园
回到那时光与梦的旧址
在南山下种豆，在水深处种菱
再种一朵荷花，不枝不蔓清水无香
一生拥有一颗莲子的传说

芒种，风吹麦成浪

芒种到了。芒种是二十四节气中的第九个节气，夏季的第三个节气，每年公历6月6日前后交节。

《月令·七十二候集解》中说："五月节，谓有芒之种谷可稼种矣。"芒种是一年当中农家比较忙的时候，北方地区的人们忙着收割麦子，南方地区的人们忙着插秧种稻，而在我们江淮地区，则麦子当收，稻子该种，所以，芒种也被人们形象地称作"忙种"。

此时，黄淮平原即将进入雨季；华南、东南季风雨带稳定，降水量增多；长江中下游地区将先后进入梅雨季节，下雨天明显增多，而且雨量大；西南地区也进入了一年中的多雨季节，西部的高原地区冰雹天气开始增多。各地气温显著升高，雨量充沛，空气湿度大而且闷热，最适宜有芒的谷类作物种植，所以民间流传有“芒种芒种，连收带种”“栽秧割麦两头忙，芒种打火夜插秧”等民谚。

从芒种开始一直到大暑，是一年当中万物生长的旺季。错过了芒种这个最佳的种植时节，不仅作物种植的成活率将会大大降低，而且也会严重影响到秋天收割时的产量，所以民间流传“芒种不种，再种无用”“芒种插秧谷满尖，夏至插秧结半边”“芒种插的是个宝，夏至插的是根草”等说法。

芒种有三候：“一候螳螂生，二候鵙始鸣，三候反舌无声。”

鵙鸟，又名“伯劳鸟”；反舌鸟，又名“百舌鸟”。此时，螳螂卵因气温变化而破壳生出小螳螂；喜阴的伯劳鸟开始在枝头出现，并且感阴而鸣；而百舌鸟却因为感应到了气候的变化，渐渐地停止了鸣叫。时光流转，山河多变，不变的是亘古以来万物的生息和灵性，只要稍作留心，我们便能从这些物候之变中，感知节气的到来。

芒种时节，除了麦子要收、晚稻该种以外，蚕豆、豌豆等夏熟作物也到了收获的季节，夏大豆、夏玉米、花生、山芋等秋收作物也要种下去了。

历来写芒种的诗词很多，我尤其喜欢陆游《时雨》中的前四句：“时雨及芒种，四野皆插秧。家家麦饭美，处处菱歌长。”应时的雨水在芒种时节纷纷而至，田野里处处都有农家人在忙着插秧。家家户户吃着麦粒和豆子煮的饭，湖边处处都飘荡着采菱女悠长的歌声。这描述的仿佛就是记忆中我的家乡江淮地区此时的田园生活与人间烟火之味。

家乡还有一种植物的果实也熟了，那就是人见人爱的梅子。历史上关于梅子的典故与传说很多，最有名的当属《世说新语》中的“望梅止渴”、《三国演义》中的“青梅煮酒论英雄”以及李白诗中的“青梅竹马”了。

梅子是芒种时节的标志。和梅子有关的诗词更多，耳熟能详的如赵师秀的“黄梅时节家家雨，青草池塘处处蛙”，曾几的“梅子黄时日日晴，小溪泛尽却山行”，范成大的“梅子金黄杏子肥，麦花雪白菜花稀”，苏轼的“不趁青梅尝煮酒，要看细雨熟黄梅”，以及词人贺铸《青玉案》（凌波不过横塘路）中的名句：“若问闲情都几许。一川烟草，满城风絮。梅子黄时雨。”

在古时，农历二月被看作是百花的生日，二月初二、十二或者十五时，民间盛行花朝节，或称“花神节”，以迎接花神。节日期间，人们结伴到郊外游览赏花，称为“踏青”；姑娘们剪五色彩纸粘在花枝上，称为“赏红”。而芒种时节，到了农历五月了，暑气侵袭，百花开始凋残，零落成泥。传说古时到芒种这一天，民间多举行祭祀花神仪式，饯送花神归位，同时表达对花神的感激之情，盼望来年再次相会。

曹雪芹在《红楼梦》第二十七回中有这样一段精彩的描述："那些女孩子们，或用花瓣柳枝编成轿马的，或用绫锦纱罗叠成干旄旌幢的，都用彩线系了。每一棵树上，每一枝花上，都系了这些物事。满园里绣带飘飖，花枝招展，更兼这些人打扮的桃羞杏让，燕妒莺惭，一时也道不尽。"描写的便是大观园里大户人家芒种时节饯祭花神的热闹场面。

现实的农家生活里，到了芒种时节，没有这些风花雪月的雅兴，空气中飘散的尽是麦子浓郁的香气，这是农家人生命的本色。正如白居易在《观刈麦》诗中前半部所写的："田家少闲月，五月人倍忙。夜来南风起，小麦覆陇黄。妇姑荷箪食，童稚携壶浆，相随饷田去，丁壮在南冈。足蒸暑土气，背灼炎天光，力尽不知热，但惜夏日长。"农忙季节，人们都在田间劳作，处处充满着奋斗的气息。

水稻种完之后，为祈求秋天有个好收成，皖南有些地方会举行安苗祭祀农事习俗活动，家家户户用新麦面蒸发包，把面捏成五谷六畜、瓜果蔬菜等形状，然后用蔬菜汁染上颜色，作为祭祀供品，祈求五谷丰登、平安幸福。

小时候在农村生活，我年年都在端午前后的芒种时节帮助家里收割麦子。远远看着风吹麦浪，柔波荡漾，实际上麦芒却是锋利无比，一场麦子收割下来，脸上、腿上、胳膊上都被划出一道道鲜红的血痕。

“芒”字很有意思，除本义“麦芒”“稻芒”之外，也有“锋芒”“光芒”之义。片片麦田里，既孕育着农家人生活的温柔和慈悲，又隐藏着农家人生命的凛冽与傲骨。芒种，不仅是农家人收获与播种的繁忙，对所有人来说，又何尝不是呢？一分耕耘，一分收获；种下希望，收获明天；功不唐捐；功夫不负有心人，这些话语无不勉励人们勤奋拼搏，自强不息，努力展现人生的锋芒乃至人性的光芒。

我也曾为“芒种”写过一首小诗：“又忆当年麦场忙，挥汗如雨一碗汤。人生快乐何如是，端起面条思故乡。”每次品味一个节气，便有一番难以言说的感慨，因为这里藏着太多关于时间的故事。

芒种节气，我自然想起了当年和父亲母亲一起割麦子的情景。艳阳高照，汗流浃背，麦芒戳在光光的胳膊上，处处都是红点子、血印子，又痒又疼。麦收季节，对于我们这些孩子来说，最期盼的是，辛苦劳作之后，能快点吃到开年之后的第一碗鲜美的瓠子面汤了。

我的老家枞阳是很少吃面条的，只是有个传统习俗，在每年新麦收割回来晒干碾成面粉之后，家家都挤出一点空闲的时间来，不厌其烦地做几顿新鲜的面条吃，在我们那叫“擀面汤”，后来才知道就是“手擀面”。

时光如水，往事如烟，我常常想，人生的快乐是什么呢？有时不过是，在异乡喧闹的街头，静静地品味一碗面条，想着曾经的点点滴滴，忆苦又思甜。

夏至是二十四节气中的第十个节气，每年公历6月21–22日交节。此时，北半球各地的白昼时间达到全年最长，相对应的是夜晚时间最短。

合肥市师范附属第三小学三（1）班　黄艺忻

夏至

阳极而一阴初生，
阴中有阳，
阳中有阴，
阴阳巧妙转换，
这是多么完美的
融合与变易啊。
此刻，
读书也好，
小憩也好；
小酌一杯也好，
独坐无事也好。

夏至帖/那时青荷

夏至在即，长夏当窗
注定要在这长长的午后
邂逅遇见，一朵小小的睡莲
仿佛梦一样，睡在平静的水面上

我喜欢这样美好的遇见
喜欢借这与生俱来的碧绿
走进内心深处的小镇
与最初的山水，狭路相逢

我更喜欢以一种梦的方式
倾听光阴与流水的细节
与心底的那朵睡莲，相濡以沫
打开一页静水流深的禅

抑或站在内心的小镇上
看浮生阡陌相连，云水相映
让一些光与幽美，长满记忆的池塘
从最初的清晨，到某个黄昏

这些年，渐渐地懂得
若曾经盛开，则永远碧绿美好
我愿意，让一朵睡莲的美丽与忧伤
倒映这一切的清幽和明亮

我愿意，借这与生俱来的碧绿
遇见或皈依内心的宗教
一朵睡莲，蕴藏一个梦境
一只蝴蝶，注定会遇见庄生

夏至，人间夏日长

芒种过了，就到了二十四节气中的夏至日了。夏至是二十四节气中的第十个节气，是夏季的第四个节气，每年公历6月21—22日交节。

夏至这天，太阳直射地面的位置到达一年中的最北端，几乎直射北回归线，于是，在北回归线上会出现“立竿不见影”的有趣现象。古时历书《恪遵宪度抄本》里说：“日北至，日长之至，日影短至，故曰夏至。至者，极也。”

此时，北半球各地的白昼时间达到全年最长，相对应的是夜晚时间最短；对于北回归线及其以北的地区来说，夏至是一年中正午太阳高度最高的一天。从这一天起，太阳直射点开始向南移动，白天逐日缩短，夜晚逐日增长。

夏至时节，虽然阳光直射地面，阳气很盛，白昼最长，但还没到一年中最热的时候，因为此时地表的热量还在不断地积蓄，还没有达到最盛的时候。真正的暑热天气，是在夏至起经历三个“庚日”、大约阳历七月中旬到八月中旬的“三伏天”里。

夏至之后，气温逐渐升高，空气湿度大，身上的汗液黏糊糊的，空气跟蒸桑拿一样闷热，好在时不时地就会来上一阵子让人有点猝不及防的局部雷阵雨。小时候，我跟随父母在田间干农活，常常遇到刚刚还是艳阳高照，突然间头顶上空乌云滚滚的情形。乌云黑沉沉的一大片，伴随着雷声大作，一阵大雨眼看就要到了。我们常常也不想跑回去躲雨，炎炎夏日，淋一场短时大雨，倒也凉快。农家人形象地把这种现象总结成一句农谚：“夏雨隔田坎。”唐代诗人刘禹锡的著名诗句“东边日出西边雨，道是无晴却有晴”，描述的也是这种天气现象。

夏至时节，日照充足，农作物生长得很快，需水量增多，此时的降水对农业生产至关重要，所以，农家有“稻子要喝夏至水”“夏至无雨六月旱”“夏至雨点值千金”“有钱难买五月旱，六月连阴吃饱饭”等谚语。

二十四节气中，夏至和冬至是最早被确立的。早在公元前7世纪，智慧的先民们就通过观测日影的方法确定了夏至与冬至节气。他们在地上竖一根竿子，在正午时分测量其影子的长度，将影子最短的一天定为夏至，将影子最长的一天定为冬至。

俗话说："不到夏至不热，不到冬至不寒。"夏至算是拉开了高温酷暑的帷幕。小时候，家里没通电，到了夏至时候，母亲就会把家里藏在柜子顶上、落满灰尘的几把蒲扇拿出来清洗干净。那时，整个夏天都离不开它们。后来通了电，家里陆续也添置了座扇和吊扇，但父亲和母亲还是习惯于摇着蒲扇，还说这老扇子扇出来的风比电风扇凉快呢。

和家喻户晓的用来数九消寒的"冬九九"一样，民间也有数九消暑的"夏九九"。"夏九九"以夏至日为起点，每九天为一"九"，九九八十一天之后，便暑去凉来了。

民间各地都流传着带有地方特点的《夏九九歌》，我在家乡也曾听过："一九至二九，扇子不离手；三九二十七，冰水甜如蜜；四九三十六，汗湿衣服透；五九四十五，树头清风舞；六九五十四，乘凉莫太迟；七九六十三，夜眠要盖单；八九七十二，当心莫受寒；九九八十一，家家找棉衣。"九九数完，便到了阳历九月上旬的白露时节，到了夜晚时分，就已经有着明显的凉意了。

夏至有三候："一候鹿角解，二候蝉始鸣，三候半夏生。"

古人认为，鹿的角朝前生，所以属阳，并且认为夏至日阴气生而阳气开始衰减，所以阳性的鹿角便开始脱落；雄性的知了在夏至后因感受到阴气之生便鼓翼而鸣；半夏是一种喜阴的药草，这时候开始萌发新芽，而阳性的生物却开始衰退了。

“坐惜时节变，蝉鸣槐花枝。”在乡村的夏季里，给人印象最深的便是蝉鸣了，过去是，现在还是。蝉是大自然中最具有灵性的生物之一，整个夏天，它们都在门前的枝头上声嘶力竭地激情歌唱着，似乎从来不知疲倦。我们有时从田间干活回来，汗流浃背，听着刺耳的叫声，觉得甚是吵人，于是举着竹棍，循声去找，却怎么也发现不了它们趴在哪根树枝上，气得我们只能死劲地跺着大树，要吓走它们，但总是无济于事。

《礼记·月令》记载：“是月也，日长至，阴阳争，死生分。”意思是说，仲夏五月时，夏至到来，阴阳相争，死生相别。古籍《三礼义宗》里说夏至有三意：“一以明阳气之至极，二以明阴气之始至，三以明日行之北至。故谓之至。”意思是说，夏至时阳气达到顶点，盛极而衰，阴阳发生转换，阴气开始萌发，可谓是“夏至一阴生”。明末程登吉编撰的中国古代的儿童启蒙读物《幼学琼林》中说：“夏至一阴生，是以天时渐短；冬至一阳生，是以日晷初长。”

唐代文学家权德舆写过一首《夏至日作》的诗：“璿枢无停运，四序相错行。寄言赫曦景，今日一阴生。”诗人描写了夏至时日，天上的星辰无休无止地转动，地面上的春夏秋冬四季有序更迭运行的自然规律。诗人辩证地看到了春去夏来之中，即将昼短夜长，阴气萌动，秋冬会慢慢来到人间的发展趋势。

世间万物都有自身运行的规律，正如这夏至，阳极而一阴初生，阴中有阳，阳中有阴，阴阳巧妙转换，这是多么完美的融合与变易啊！

自古以来，夏至就是重要的传统节日之一，也是民间“四时八节”中的一个节日，古时称为“夏节”“夏至节”。夏至这天，民间百姓拜神祭祖，祈求消灾年丰；朝廷则以歌舞礼乐的方式，举行隆重的祭祀仪式，《史记·封禅书》中说：“夏日至，祭地祇。皆用乐舞，而神乃可得而礼之。”

夏至时日民间还有吃面的习俗，有“冬至饺子夏至面”之说，也有民谚说：“吃过夏至面，一天短一线。”细长的面条，就好比夏至时的白昼时长。现在人们在过生日的时候也还有吃长寿面的风俗，细长的面条预示着一个好彩头。

“一线”是什么意思呢？听家乡的老人们说，过去农家妇女在做针线活时，会根据自己的习惯来扯一根长度适宜的线，大约一米左右，用完这根线的时间差不多是两三分钟，所以所谓“短一线”就是说夏至日后，每天白天的时间一般会缩减两三分钟，直到冬至之日。我猜想，在过去，夜晚做事不便，这谚语里是否也蕴含着人们对白天时光缩短的珍惜和对时光悄悄流逝的警示呢？

我想起了两首古诗，一首是北宋诗人蔡确的《夏日登车盖亭》：“纸屏石枕竹方床，手倦抛书午梦长。睡起莞然成独笑，数声渔笛在沧浪。”一首是明代诗人张天赋的《仲夏写怀》：“长傍青山与白云，一溪流水绕柴门。竹床睡起无馀事，风送荷香正启樽。”

此刻，人间夏日长。夏至的时光是美好的，正像这两首诗描述的一样，读书也好，小憩也好；小酌一杯也好，独坐无事也好。

小暑是二十四节气中的第十一个节气，每年公历7月7日前后交节。温风已至，烈日之下，暑气正浓，中国大部分地区进入了炎热的季节。

合肥市师范附属第三小学五（1）班　徐可晗

小暑

满眼绿荫，
木槿始荣，
凌霄花开，
睡莲生香，
紫茉莉沁人心脾。
找三五好友，
烹茶，
聊天，
情谊与茶，
都淡淡的，
清清爽爽的，
但却香气氤氲，
经久芬芳。

小暑帖/那时青荷

雨季不再，倏忽小暑
这一片花之洁白，雨之缠绵
还来不及细细收藏——
我的窗外，漫山遍野都是夏天了

当风停留指尖的一瞬
我听见绿荫深处，蝉声渐近
像一个孤单寂寞的旅人
为我打开，一曲前世的清歌

夏天的河流，如此波澜壮阔
可否给自己一泓水的明净
回到《诗经·七月》的生活
让熏风入弦，让芰荷送香

这一刻，我愿于小轩窗下
铺一纸素宣，写我的簪花小楷
写下四月秀葽，五月鸣蜩
写下七月流火，九月授衣

时间的画面，如此一路绵延
还记得，在昨日的楼台前
遇见一架蔷薇，映照着旧时山水
遇见微雨后，芭蕉分绿与窗纱

也许最好的绵延
便是如此山长水阔，舒卷有致
是来时的路上，绿荫不减
归去的途中，也无风雨也无晴
是一念归心，写一回簪花帖
不计你的前世，我的今生

小暑，倏忽温风至

“倏忽温风至，因循小暑来”，是元稹《咏廿四气诗·小暑六月节》中的诗句。暖风之中，我们迎来了小暑节气。小暑是二十四节气中的第十一个节气，是夏季的第五个节气，每年公历7月7日前后交节。

这几天，忽然感觉到热浪袭人，原来正是小暑节气来了。与夏至相比，白天的时光已经开始渐渐地变短了，但是气温却一直在升高，中国大部分地区进入了炎热的季节，平均气温已经接近或者超过30℃了。

温风已至，裹挟着热浪，烈日之下，暑气正浓，虽然还没到一年中最炎热的时节，但天地之间仿佛已经变成了蒸笼和烤箱。正如民间谚语所说的“小暑大暑，上蒸下煮”“小暑过，一日热三分”，人们要开始经受高温的考验了。

有谚语说：“热在三伏”，小暑最显著的标志就是入伏和出梅。从小暑算起，再过十来天就进入伏天了。三伏天是一年中气温最高的时段，分为初伏、中伏和末伏，30天或者40天。出梅又称为“断梅”，是指长江中下游梅雨天气的终止。梅雨结束后，绝大部分地区进入了盛夏高温季节。

此时，北方地区高温干燥；南方地区不仅高温，而且潮湿闷热，人会感觉特别不舒服。由于受来自海洋的暖湿气流的影响，除高温潮湿之外，南方各地的雷暴以及大风、暴雨与冰雹的极端天气也时有发生，常常是应了谚语“伏里顶风乌云集，顷刻之间下大雨”。记忆中，一到这个时节，家乡圩里的防汛任务就特别艰巨。

民间有很多关于小暑的农谚，很生动，很形象。“小暑大暑，灌死老鼠”，说的是在小暑和大暑节气期间，降雨比较多，就连地里的田鼠也可能会因为持续的降雨而被淹死；“伏天热得狠，丰收才有准”，说的是只有伏天的天气很炎热，农作物才会丰收，因为万物生长靠太阳；“雨打小暑头，四十五天不用牛”，说的是小暑这天如果下雨了，很有可能后面就会出现持续降雨的天气，要提前做好防范；“小暑一声雷，倒转做黄梅”，说的是在梅雨结束以后的小暑节气里假如出现打雷，那么梅雨很可能会倒转过来，再次光顾。

季风气候是中国气候的主要特点之一，到小暑时，季风气候的高温与南方地区的多雨时期基本一致，雨热同期，人感觉闷热得几乎要中暑，但这却很有利于农作物的快速成长，所以有农谚说：“伏天里的雨，锅里的米。”可见小暑伏天的炎热与雨水结合对水稻生长多么重要。

稻田里的野草也躲在正在灌浆的禾苗中疯狂地生长，辛勤的农家人冒着烈日，走进田间，开展病虫防治等田间作业，将顽固的野草一棵棵地从禾苗中拔除。

季风由南向北稳步推进，再有半个多月，当季风将来自热带与副热带的暖湿气流输送到北方地区，与中纬度的冷空气交汇在一起时，北方地区的雨季便开始了。大自然年年如此，相续着，相似着，周而复始，生生不息。

小暑有三候：“一候温风至；二候蟋蟀居宇；三候鹰始鸷。”

《岁序总考》里说：“温，暖也。南方火旺，温热之风至此而极矣。”所以，这里的“温风”即是热风。《逸周书·时训》里也说道：“小暑之日温风至……立秋之日凉风至。”与小暑温风相对的，是立秋时节的凉风。蟋蟀，古时叫“促织”，清代文学家蒲松龄创作的文言小说《促织》曾入选中学语文课本。中国古代农业文明十分发达，关于时令物候的规律，劳动人民有着自己的经验和智慧，人们以一系列昆虫的活动轨迹来判断时令气候，促织便是其中的一个物种，被纳入农耕文明的认知体系，成为季节变化的标志。

小暑节气后，大地上的风不再凉爽，而变得炎热起来；由于炎热，机灵的蟋蟀开始离开田野，爬到庭院的墙角下躲避暑气，这正如《诗经·七月》中所描述的“七月在野，八月在宇，九月在户，十月蟋蟀入我床下”，所说的“八月”大约是农历的六月，此时正处于小暑节气；敏锐的雄鹰因地面气温太高而搏击长空，选择在清凉的高空中活动。

《月令七十二候集解》这样解释小暑：“暑，热也。就热之中分为大小，月初为小，月中为大，今则热气犹小也。”俗话说，“小暑交大暑，热得无处躲”，真正的热还在后头呢。酷暑之下，凉席、竹床、蒲扇，鲜藕、西瓜、绿豆……这些消暑的东西，似乎还能给人带来一丝清凉的感觉。

古人也和我们一样怕热，而且他们更是缺少避暑的条件，所以，翻阅古人描绘小暑的诗词，多见雨后、荷间、夜风下、月明中偶得一点清凉的闲适与快意，如“荷风送香气，竹露滴清响”（孟浩然《夏日南亭怀辛大》），“夜热依然午热同，开门小立月明中”（杨万里《夏夜追凉》），“月明船笛参差起，风定池莲自在香”（秦观《纳凉》），等等。

大诗人白居易在避暑上则另辟蹊径，他曾写过一首著名的

《消暑》诗："何以消烦暑，端坐一院中。眼前无长物，窗下有清风。散热由心静，凉生为室空。此时身自保，难更与人同。"

在他看来，盛夏时节，贵在心静，当我们端坐在院子里，眼前没有多余的东西，窗下自有清风徐来，一语道出了"心静自然凉"的真谛。他深知外表的消暑只是一时的，唯有内心的消暑，才是长久之策，所以他告诫人们要保持平和的心态，少受外界事物的干扰，当欲望少了，心闲静了，身子自然就清凉了。

当然，小暑并不只是温风炎热，也还有诸多美好。满眼绿荫，木槿始荣，凌霄花开，睡莲生香，紫茉莉沁人心脾，这一切都是大自然此时给予我们的最好馈赠。

民间有小暑吃藕的习俗，来一段莲藕，切成薄片，加一点蜂蜜，香脆在口，清凉于心，不是甚好吗？再来一碗莲子银耳汤，清热养神，苦口甜心，岂不是更好吗？

清代李渔在《闲情偶寄》里说："应夏藏，闭门谢客。"他认为，夏日的酷暑容易让人阳气过盛，招致病疾，正确的行乐方式应该是将自己闭藏起来，独自偷闲。所以，他跑到深山老林里避暑，或脱光衣服躲在乱荷之间，连妻子、女儿也找不到他；或躺在长叶松树荫下，飞禽走兽从他身边路过也察觉不到；或坐在树底下煮茶，吃瓜摘果，不亦乐乎。我们是不是也想起年少时的大热天里，我们光着屁股泡在门前池塘里的似水流年呢？

宋代晁补之有诗云："一碗分来百越春，玉溪小暑却宜人。红尘它日同回首，能赋堂中偶坐身。"分茶是宋代流行的一种茶道，诗人在小暑时节，于溪边的能赋堂坐定，从一碗清茶中，品味到了百越地区春天的感觉。

我们也可以在这个季节里，找三五好友，烹茶，聊天。情谊与茶都淡淡的，清清爽爽的，但却香气氤氲，经久芬芳。

人間節氣 大暑

大暑是二十四节气中的第十二个节气，每年公历7月23日前后交节。高温酷热，雷暴频繁，雨量充沛，湿热交蒸，中国大部分地区进入最热的时期。

合肥市稻香村小学教育集团望江路校区二（4）班　王子宁　指导老师　滕素洁

大暑

可以抽空
到深山古寺里走一走，
喝点苦荞茶，
吃点绿豆粥，
安定好心绪，
将简约的日子
有条不紊地过好。
炽热喧嚣的
尘世烟火之中，
我们能否
感受到一丝云水禅心？

大暑帖/那时青荷

时至大暑，正是流火七月
站在夏天的版图上，我听见
风一直很安静，只有蝉声如雨
沿着阳光的河床，顺流而下

当《诗经》里，那三月的桃花
早已硕果满枝，当五月的细麦
也一片片，摇曳在唐诗的田园
我愿意和你，到一朵荷的面前
认一认，我们隔山隔水的前生

我发现，一年中三次去看荷
次次都有从前过往的温柔
而一生之中，最美的盛开与成长
就是我已亭亭，无忧也无惧

是生如夏花，不早不迟的灿烂

我也需要，凭借一朵荷的清香
慢慢送走这内心的三伏天
一伏，昨夜西风凋碧树
二伏，为伊消得人憔悴
三伏，蓦然回首，那人却在灯火阑珊处

我更需要，凭借一朵荷的映照
慢慢走过这一路的水复山重
一候，看山是山，看水是水
二候，看山不是山，看水不是水
三候，看山还是山，看水还是水

其实，也不必把风景都看透
因为懂得，便是一种慈悲
一伏一候，便是一种细水长流
我愿意和你，到一朵荷的面前
认一认，我们山长水远的前生

大暑，那更惜分阴

俗话说：“小暑不算热，大暑正伏天。”不过，今年的小暑已经够热了。在经历了数天近40℃高温的小暑天之后，晴晴雨雨之中，我们迎来了今年的大暑节气。“大者，乃炎热之极也”，光听“大暑”这名字，就有着暑气逼人的感觉。

大暑是二十四节气中的第十二个节气，也是夏季的最后一个节气，每年公历7月23日前后交节。过完大暑，二十四节气就走完一半了，意味着一年四季也已经走过一半了。

大暑是一年中阳光最猛烈、气温最高的时候。《月令七十二候集解》中这样解释大暑：“暑，热也，就热之中分为大小，月初为小，月中为大，今则热气犹大也。”大暑节气，中国大部分地区进入一年中最热的时期，高温酷热，雷暴频繁，雨量充沛，

“湿热交蒸”也在此时到达顶点。

“禾到大暑日夜黄”“人在屋里热了跳，稻在田里热了笑”，这也是个万物生长的好时节。此时，如果没有充足的光照，喜温的水稻、棉花等农作物生长就会受到严重影响。所以，农家人就盼着大暑天热呢，民间流传有“大暑不暑，五谷不鼓”“大暑无酷热，五谷多不结”“伏天穿棉袄，收成好不了”等诸多农谚。

俗话说：“小暑不见日头，大暑晒开石头。”在乡间生活的那些年，我最怕可以晒裂石头的大暑节气了。此时，农家人不仅要忍受湿热难熬之苦，还要为田间的农事忙活。好在农家的日子忙里有闲，忙完一天的农活之后，夜幕降临时，吃过晚饭，冲过凉水澡，乡亲们聚到门前的山坡上，躺在竹床上乘凉聊天，孩子们到处捉萤火虫，也是很惬意的事。

即将进入三伏天的中伏了，但相比于前几日的高温而言，这几天时晴时雨，倒显得清凉一些。早晨，路边的梧桐树叶星星点点地随风飘落，落在我的身上，落在我的车篮里，落在地面上，让人感觉凉爽的秋天好像是要提前来了。但实际上，炎热的夏天还远远没有过去，真正的炎热还在后头等着呢。农家就有“大暑热不透，大热在秋后”“大暑展秋风，秋后热到狂”等谚语。

大暑时节，若是连续高温少雨，就会出现伏旱，农谚说得很形象："五天不雨一小旱，十天不雨一大旱，一月不雨地冒烟。"此时，水稻、棉花、大豆、玉米等农作物都极需要雨水，所以乡间有"小暑雨如银，大暑雨如金"之说，但若是暴雨多了，又可能会出现洪涝。遇到不旱不涝的年成，便是农家好光景。

大暑有三候："一候腐草为萤，二候土润溽暑，三候大雨时行。"

大暑时节，枯草上的萤火虫卵开始孵化出新的生命，看起来像是由腐烂的枯草变化而成的一样；天气开始变得闷热，土地开始变得潮湿；时常会出现大的雷阵雨，大雨使暑湿慢慢减弱，天气开始向立秋过渡了，这也正好印证了物极必反的自然法则。

"囊萤映雪"说的是古时车胤用口袋装萤火虫来照书本，孙康利用雪的反光勤奋苦学的故事。小时候的夏日夜晚，我们也常常把萤火虫捉来放在小玻璃瓶里，当作照明的工具。

在没有天气预报的时候，农家人常常通过观察当下季节里乡间小动物们的起居变化来预测近期天气状况，也总结出很多顺口溜，比如大暑时节的"雨中蝉鸣，就要天晴""蚂蚁满地跑，天气一定好""蝼蛄唱歌，有雨不多""牛虻叮人，大雨倾盆""蚊子嗡嗡叫，明天雨来到"等等，常常也准得很。

炎热的天气也给诗人们提供了灵感，创作出大量优美的关于“大暑”节气的诗词作品，或抒发情怀，或感慨人生，或享受生活，或体悟生命。

司马光感叹时间易逝，年华老去：“老柳蜩螗噪，荒庭熠燿流。人情正苦暑，物怎已惊秋。月下濯寒水，风前梳白头。如何夜半客，束带谒公侯。”（《六月十八日夜大暑》）曾几提醒人们珍惜短暂的光阴：“赤日几时过，清风无处寻。经书聊枕籍，瓜李漫浮沉。兰若静复静，茅茨深又深。炎蒸乃如许，那更惜分阴。”（《大暑》）

徐勉在花园里享受着清凉的荷风和淡远的荷香，还有一壶美酒：“夏景厌房栊，促席玩花丛。荷阴斜合翠，莲影对分红。此时避炎热，清樽独未空。”（《晚夏》）元稹准备好了美食，计划邀请好友来做客：“大暑三秋近，林钟九夏移。桂轮开子夜，萤火照空时。瓜果邀儒客，菰蒲长墨池。绛纱浑卷上，经史待风吹。”（《咏廿四气诗·大暑六月中》）杨万里在夏夜里感受到了大自然宁静之中的凉意：“夜热依然午热同，开门小立月明中。竹深树密虫鸣处，时有微凉不是风。”（《夏夜追凉》）

诗人们都有着丰富的精神世界，所以有着独特的内心感受。大暑时节，我们在最炎热的夏日里，在这炽热喧嚣的尘世烟火之中，是否也能感受到一丝云水禅心呢?

在福建、台湾等地区，还流行过半年节、吃半年圆的传统习俗。大暑时节到了农历的六月，正好是一年的一半，此时，家家用红曲和米粉做成半年圆，祭祖祀神，感谢天神与祖先的庇护，祈求事事如意圆满，之后全家团聚，一起吃半年圆。清代诗人郑大枢在《风物吟·其五》诗中这样描述半年节习俗："六月家家作半年，红团糖馅大于钱。娇儿痴女频欢乐，金鼓丁冬闹暑天。""红团"即是"半年圆"，也就是现在过年时南方人常吃的汤圆。

大暑时节，特别推荐白居易的《夏日闲放》："时暑不出门，亦无宾客至。静室深下帘，小庭新扫地。褰裳复岸帻，闲傲得自恣。朝景枕簟清，乘凉一觉睡。午餐何所有，鱼肉一两味。夏服亦无多，蕉纱三五事。资身既给足，长物徒烦费。若比箪瓢人，吾今太富贵。"

暑天太热不能出门，也没有客人来。诗人在安静的房间里放下帘子，隔出一片静谧，又亲手把小院子打扫干净整洁了。撩起长衫，推起头巾，露出前额，自由散漫地躺在凉席上，一边看着风景，一边乘着凉。天气很热，午餐只需要吃一两道小菜，三五件蕉纱衣服也就够了，这些已经能自给自足，再有多余的东西就是劳心费神了。

诗人最后感叹说，即便如此，比起那些野外归隐之人，我还是显得过于富贵舒适了。是的，一点点就够了，只有远离了喧哗熙攘，才能收获生活的宁静清幽。

四时有序，光阴可贵，生活不易，但愿日子不乱。大暑天里，我们可以到深山古寺里走一走，喝点苦荞茶，吃点绿豆粥，安定好心绪，将平凡简约的日子有条不紊地过好，成熟的秋季即将到来。

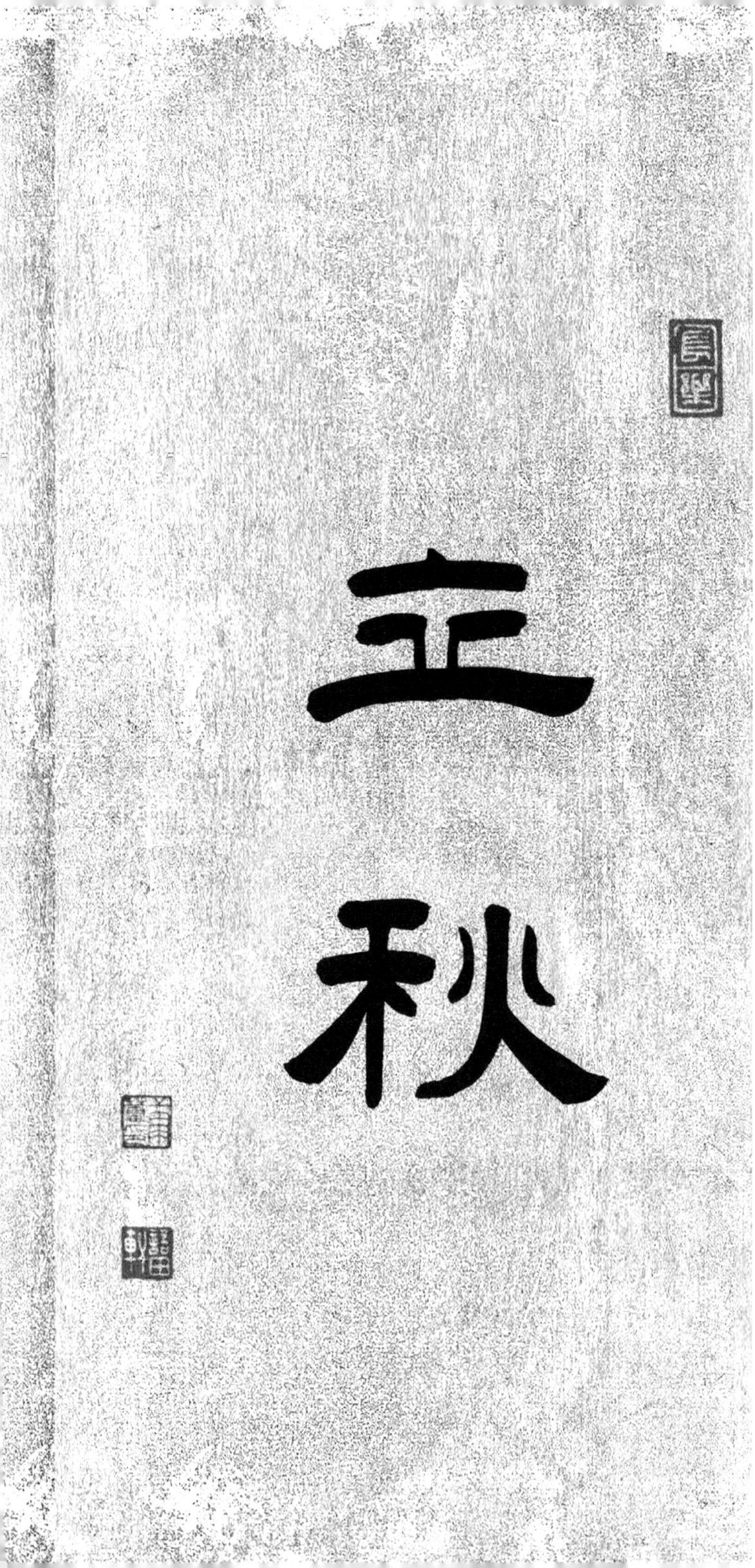

人間節氣

立秋是二十四节气中的第十三个节气，每年公历8月7日或8日到来。阳气渐收，阴气渐长，自然界里的万物开始从繁茂生长走向萧瑟成熟。

合肥市青年路小学本部三（9）班　余橙鹿　指导老师　秦壮壮

立秋

阳气渐收，
阴气渐长，
自然界里的万物
开始从繁茂生长
走向萧瑟成熟。
人生之秋，
也是沉甸甸的，
我们用从容不迫的心，
行走于天地万物之间，
美好便无处不在。

立秋帖/那时青荷

立秋之日，有凉风渐至
仅是一缕清凉，便知长夏已满
便知秋天即将来临
昨日还是夏，而今日已是秋了

我喜欢和秋天有关的事物
我远远地看见，我童年的村庄
此时已风荷十里，瓜果飘香
从春华到秋实，一如从前的风光

这一刻，不说秋水长天的辽阔
也不说落霞孤鹜齐飞的绚烂
这一刻，我只想回到我的村庄
在童年的窗前，看一轮秋月的圆满

这一刻，不忆及往昔和素时
只轻轻打开枕边的《诗经》
看流年如斯，听虫鸣正醒耳
尽管一叶未落，白露也未生
仅是草虫喓喓，便知秋已来临

这一刻我只想和你说
昨日还是夏，今日窗外秋已十四行
空山新雨后，是秋天
悠然见南山，是秋天
故人千万里，也是秋天……

我只想挽起岁月的裙裾
回到最初的河之洲，水之沚
那一刻，你我不曾相识
没有依依杨柳，也没有苍苍蒹葭
只有月亮，盛开在村庄之上

立秋，秋日胜春朝

自然界里的一切变化都是循序渐进的过程，在三伏天过去一半、天气最炎热的时候，立秋节气悄悄地来了。立秋是二十四节气中的第十三个节气，是秋季的第一个节气，每年公历8月7日或8日到来。立秋时节，阳气渐收，阴气渐长，自然界里的万物开始从繁茂生长走向萧瑟成熟。

有谚语说："早上立了秋，晚上凉飕飕。"立秋之后，早晚相对凉快了一些，但暑热还远远没有结束，非常凉爽的天气还未到来，秋阳依然肆虐。从小在家乡我就听说过"秋后一伏""秋老虎"的说法，而且还有句更生动的俗语说："秋后一伏，热死老牛。"这说法虽然有些夸张，但立秋之后天气依然很热确是事实。

家乡还流传有这样一句谚语："早立秋，凉飕飕；晚立秋，热死牛。"意思是说，如果是在早上立秋，那后面的天气就比较凉爽了；如果是在晚上立秋，那酷热的天气还会持续一段时间。癸卯年的立秋是2时14分，算是早立秋了，那意味着后面的天气应该比较凉爽了。看这段时间的天气预报，也是这种趋势，但这种解释看起来似乎有些牵强。

另外一种说法是，谚语中的"早"和"晚"指的是农历的日期，是说如果立秋时还没有进入农历七月，那就是早立秋；相反，如果进入七月才立秋，那就是晚立秋了。根据这种说法，今年的立秋是农历六月二十二，那也算是早立秋了，也就预示着今年酷热的天气很快就要过去了。农家还有句谚语："七月秋样样收，六月秋样样丢。"希望不是这样。

立秋时节，炎热的天气已是强弩之末，尤其是到了秋季的第二个节气处暑之时，早晚更是凉快多了。当然，真正的凉爽还要到白露节气之后，白露才是酷热与凉爽的分界线。

立秋之后，夏季多雨湿热的气候开始向秋季少雨干燥的气候过渡，阴阳之气开始转变，万物随阳气下沉而逐渐显得萧疏起来。自然界中最明显的变化是草木的叶子从繁茂的绿色渐渐发黄，并开始一片片地往下落，可谓是"一叶落而知天下秋"啊。早稻、玉米等庄稼也开始枯黄成熟了。

《月令七十二候集解》中说："秋，揪也，物于此而揪敛也。"《说文解字》上也说："秋，禾谷熟也。"显然，立秋对农事具有十分重要的意义。此时，除部分农作物成熟之外，中稻开花结实，单季晚稻圆秆拔节，大豆结荚，棉花结铃，地里的山芋、花生迅速膨大，双季晚稻也赶在这气温较高的最后一点有利时机努力生长。

一切作物的生长都离不开水分的滋润，所以有"立秋雨滴，谷把头低""立秋雨淋淋，遍地是黄金""立秋三场雨，秕稻变成米""立秋无雨是空秋，万物历来一半收""立秋有雨样样收，立秋无雨人人忧"等说法。

民间有"立夏栽茄子，立秋吃茄子""立秋荞麦白露花，寒露荞麦收到家""立秋摘花椒，白露打核桃，霜降摘柿子，立冬打软枣"等谚语，还流传有《农事歌》："时到立秋年过半，可能有涝也有旱。男女老少齐努力，战天斗地夺高产。棉花抹杈打边心，追肥时间到下限。天旱浇水要适量，防治病虫巧把关。早秋作物渐成熟，防雀糟蹋要常转。晚秋作物治追榜，后期管理不能软……"说着谚语，唱着歌儿，农家人很好地拿捏和掌握着农事的节奏。

立秋有三候："初候凉风至，二候白露降，三候寒蝉鸣"。

立秋过后，温热转为凉爽，气候开始变得肃杀起来，一阵风吹来，人们会感觉到一丝凉爽。渐渐地，早晨的大地上会有潮湿的雾气产生，但此时天气尚热，湿气还凝结不成露珠。感阴而发声的寒蝉开始鸣叫了，唐代诗人虞世南有《蝉》诗曰：“垂緌饮清露，流响出疏桐。居高声自远，非是藉秋风。”

而事实上，中国多数地方在立秋至处暑这个时段，天气还是相当炎热的，并没有非常明显的“凉风至”“白露生”“寒蝉鸣”等现象。只是“一场秋雨一场寒，十场秋雨穿上棉”，这是谁也抵挡不住的发展趋势。

立秋是古时“四时八节”之一，它不仅是重要的节气，还是中国重要的岁时节日。立秋节，也称“七月节”。周代时，天子亲率三公九卿诸侯大夫，到西郊迎秋，并举行祭祀仪式；汉代仍承此俗；唐代时，每逢立秋日，祭祀五帝；宋代时，立秋之日，男女都戴楸叶，以应时序；往后历代，都很重视立秋节。

这期间的农历七月初七是中国传统节日七夕节，又名乞巧节、七巧节、女儿节等。七夕节是中国的情人节，以牛郎织女的民间传说为载体，表达了不离不弃、白头偕老的美好情感与承诺。2006年5月20日，七夕节被中华人民共和国国务院列入第一批国家级非物质文化遗产名录。

立秋时，民间百姓也有祭祀土地神、庆祝丰收的习俗。人们在收成之后，挑选一个黄道吉日，一方面祭拜与感谢上苍和祖先的庇佑；另一方面品尝当年新收回来的谷米，庆祝辛勤得来的劳动成果。这天，农家还有迎秋、贴秋膘、咬秋、啃秋、晒秋、摸秋、秋社、悬秤称人、秋收互助、秋田娱乐等诸多习俗。

历代诗人从不同的视角抒发入秋后的感受，留下了很多千古名句。秋天充满希望："岁华过半休惆怅，且对西风贺立秋。"（范成大《立秋二绝·其一》）；秋天充满思念："洛阳城里见秋风，欲作家书意万重。"（张籍《秋思》）；秋天充满期许："两地新秋思，应同此日情。"（白居易《立秋日曲江忆元九》）；秋天是孤寂的："天阶夜色凉如水，卧看牵牛织女星。"（杜牧《秋夕》）；秋天是自在的："秋气堪悲未必然，轻寒正是可人天。"（杨万里《秋凉晚步》）……

我很喜欢南宋诗人刘翰的《立秋》诗："乳鸦啼散玉屏空，一枕新凉一扇风。睡起秋声无觅处，满阶梧叶月明中。"立秋时节，刚出窝不久的小乌鸦叽叽喳喳的鸣叫声渐渐散去，只剩下院子里的玉屏风空虚寂寞地立在那里。夜寂静了下来，突然间起风了，秋风习习，顿觉枕边清新凉爽，就像有人在床边用绢扇在扇风一样。睡梦中朦朦胧胧地听见外面秋风萧萧，可是起来出去寻找时，却什么也找不到，只见院子里落满台阶的梧桐叶，静静地沐浴在朗朗的月光中。

唐代诗人刘禹锡的《秋词》可谓是豪情壮志："自古逢秋悲寂寥，我言秋日胜春朝。晴空一鹤排云上，便引诗情到碧霄。"诗人一扫古来逢秋而悲的固化情绪，让我们领略到秋日里别有诗情的壮丽画卷。这股雄浑之气，令人热血沸腾。

草木一秋，人生一世。人生之秋，也是沉甸甸的，我们用从容不迫的心，行走于天地万物之间，美好便无处不在。

人間節氣

处暑是二十四节气中的第十四个节气，每年公历8月22–24日交节。暑意渐渐消去，气温逐日降低，昼夜温差逐渐增大，酷热的三伏天结束了。

合肥市六安路小学六（2）班　夏昀汐

處暑

处暑时节，
我国大部分地区
林果和农作物
都陆续进入了成熟期，
棉花吐絮，
花生也饱满了。
印象中，
这个时候，
农家小院的前前后后，
南瓜、冬瓜长得满地都是。

处暑帖/那时青荷

及至处暑，长夏俨然过去
昨日的蝉声，终是渐行渐远
不过一场秋雨绵绵
从此，便是天凉好个秋了

我愿意，借这份初秋的新凉
和你说说，从今往后的时光
说说不识愁滋味的当年
以及辋川之上，秋水的潺湲

回顾我们曾经走过的路
所有的锦瑟流年，都只在指缝之间
那千山万水的从前，也不过是
窗外苍苍横着的翠微

是谁在感叹，未觉池塘春草梦
阶前梧叶已秋声
当一些久远的夏天，一去不返
总有一些不曾抵达的风景
一些无法细说的惆怅

原来，我们总是需要跋涉千里
只为一种永远的初相遇
当秋池已满，是谁在遥问归期
愿得一心人，剪烛西窗下

处暑过后，便是天凉好个秋了
更多的秋雨，开始绵绵而来
且留得一池残荷，一叶芭蕉
开一帖祛除思念的药方

处暑，新凉直万金

还有两天就出伏了，俗话说，“伏包秋，凉悠悠；秋包伏，热得哭”，癸卯年的立秋节气处在三伏天的末伏之前，正是人们所说的“秋包伏”。这些天来，热得让人受不了，炙热的阳光、恼人的高温以及持续的干旱，让人真正领略到了“秋老虎”的威力。

好在处暑节气来了。处暑是二十四节气中的第十四个节气，是秋季的第二个节气，每年公历8月22—24日交节。《月令七十二候集解》中说：“处，止也，暑气至此而止矣。”“处”是终止的意思，所以处暑也即是“出暑”。此时，随着太阳高度的继续降低，太阳所带来的热力也随之减弱，暑意渐渐消去，气温逐日降低，昼夜的温差也逐渐增大。

今年的“三伏天”前后共40天，跨了小暑、大暑、立秋三个节气。二十四节气里有三个“暑”，即小暑、大暑和处暑，连续反映着气候的变化。“暑天来，伏天到；伏天消，暑将尽。”处暑节气的到来，意味着酷热的三伏天结束了。但这期间，有些地方“秋老虎”的余威还在，白天的气温仍然较高，有些地方还会出现短时的回热天气，真正的凉爽还得要等到白露节气之后。所以民间有“处暑十八盆”的说法，意思是说，处暑后还得再洗十八次澡，天气才会变凉。

这段时间以来，江淮大地的伏旱特别严重。伏旱，是一种气象灾害，因处于伏天里，故称“伏旱”。在这期间，春播农作物正处在抽穗、扬花、灌浆期，需要大量水分补充与供给，如果没有降雨或降雨稀少，就会发生旱情，严重影响农作物的生长，造成减产甚至绝收。好在天气预报说，接下来的几天将是连续的小雨天气，席卷江淮大地已久的旱情有望得以缓解了。

农谚说：“处暑农田连夜变。”处暑时节，中国大部分地区林果和农作物都陆续进入了成熟期，南方大部分地区进入收获中稻的大忙时节，棉花吐絮，玉米吐丝，大豆结荚，红薯在土里悄悄膨大了，花生也快要饱满了。在我的印象中，这个时候，农家小院的前前后后，南瓜、冬瓜长得满地都是。

“处暑三日割黄谷”“处暑高粱遍地红”“处暑拔麻摘老瓜”

“处暑满地黄，家家修廪仓”“处暑好晴天，家家摘新棉”“七月枣，八月梨，九月柿子红了皮”，中华大地上，处处呈现出一派收获的景象。

天气渐渐要凉快了，作物成熟收割回来了，这个节气里，也迎来了新学期开学的日子。孩子们足足玩了两个月，过完了快乐的暑假，又要把心收回来，背起书包上学去了。小时候，每逢暑假即将结束的前几日，我的心里就开始有点忐忑不安，不想去读书；长大了才知道，没有辛勤的耕耘，哪来的收获呢？

这几天，原本要到9月份才开始少量落叶的梧桐树开始走向衰败，金黄色的叶子落满了地面，一层又一层的。由于长期的高温干旱，今年的梧桐树叶比往年落得早，掉得快，仿佛提前进入了深秋。暑往寒来，这是季节与万物的变化规律，是迟早的事。

处暑有三候：“一候鹰乃祭鸟，二候天地始肃，三候禾乃登。”

处暑节气里，老鹰最为活跃，开始大量捕猎鸟类等猎物，它们先将捕获的猎物摆放起来，然后再享用，像祭拜一样。天地间万物开始凋零，树木尤为明显，开始慢慢地落叶，树枝逐渐变得光秃秃的。黍、稷、稻、粱等农作物都成熟了，可谓是“五谷丰登”，“登”乃谷物成熟之义。

古代执行死刑一般集中在秋冬季节，这也被称为“秋决”。“秋决”做法自西周时期便已经出现，《礼记·月令》中就有记载：“凉风至，白露降，寒蝉鸣，鹰乃祭鸟，用始行戮。”古人敬畏大自然与神权观念，认为人类的所有活动都应该顺应天时，否则就会受到天神的惩罚。春夏时节万物正蓬勃生长，而秋冬时节草木逐渐凋零，正象征着肃杀的景象。

到了汉代，这种做法开始形成制度。董仲舒认为，“天有四时，王有四政，庆、赏、刑、罚与春、夏、秋、冬以类相应。”意思是说皇帝和朝廷的所有行为都要遵从天时，应当在春夏时行赏，在秋冬时行刑，因为秋冬之时“天地始肃”，杀气已至，便可“申严百刑”，以示所谓“顺天行诛”。汉朝以后，历朝历代都沿用了这种“秋冬行刑”的制度，除谋反大逆等“决不待时”者外，一般死刑犯都须在秋天霜降以后、冬至以前执行。现在，也还有“秋后算账”的说法呢。

还有一种说法，说处决犯人本身就带有一定的警示作用，而百姓农忙主要集中于春夏两季，秋冬两季相对清闲，选在这一时期处决犯人，也是为了方便百姓观刑，从而起到警示作用。《吕氏春秋》上说：“天地始肃不可以赢。”这是在告诫人们秋天是个不要骄矜而要收敛的季节。这可是生存的大智慧啊！

处暑节气的民俗多与祭祖及迎秋有关，因为处暑前后正逢中元节（俗称“七月半”），民间各地有很多相关的民俗活动。时至今日，中元节已发展成为祭祖这一重大活动的时间节点。中元节与清明节、寒衣节并称为中国三大“鬼节”，又与除夕、清明节、重阳节一起，共同成为祭祖的四大传统节日。寒衣节是每年农历十月初一，又称十月朝、祭祖节、冥阴节、秋祭、十月一等。寒冬即将到来之时，人们在这一天，祭奠先亡之人。此外，处暑节气正值农作物收获，农家纷纷前往土地庙或者田间地头，举行各种祭拜仪式，祈求风调雨顺、五谷丰登。

推荐两首有关“处暑”的诗。一首是元代文学家仇远的《处暑后风雨》：“疾风驱急雨，残暑扫除空。因识炎凉态，都来顷刻中。纸窗嫌有隙，纨扇笑无功。儿读秋声赋，令人忆醉翁。”

处暑时节，劲风伴着阵雨，将残存的一点暑气一扫而空。疾风暴雨后，天气瞬间变得很凉爽。窗纸上有个破洞，阵阵凉风袭来，让人不禁苦笑着感叹，手里的扇子已经没有用了。从破洞中传来的，除了微风，还有孩子们朗读的欧阳修的《秋声赋》，令人回忆起“醉翁”来。诗人看透了世态炎凉，悟到无论是炎热还是凉爽，都是来也匆匆去也匆匆，细细品来，这大有一种“醉翁之意不在酒”的恬淡之感。

另一首是宋代诗人苏泂的《长江二首·其一》：“处暑无三

日，新凉直万金。白头更世事，青草印禅心。放鹤婆娑舞，听蛩断续吟。极知仁者寿，未必海之深。”

诗人说，处暑过后才不到三天，就有了阵阵凉风，这种感觉是一万两黄金也换不来的。虽然现在我已经白发满头了，看淡了世间万事，但是内心仍然充满了年少时候的憧憬，就喜欢看着仙鹤婆娑起舞，听蟋蟀断断续续地鸣叫着。虽然我深知仁者会长寿，但跟大自然比起来，却根本不值得一提啊。

白露

白露是二十四节气中的第十五个节气，每年公历9月7–9日交节。夏日残留的暑气逐渐消散，天地间的阴气不断上升，能感觉到秋天的凉意了。

合肥市西园新村小学南校六（6）班　汪湛然

白露

夜渐长，
露渐凉，
别忘添衣裳；
收点清露，
喝杯白露茶。
那些常年寄居他乡的人，
或许更能感受到
季节的轮转变化，
更能体会到
白露时节的清冷、
洁净与故乡的月明。

白露帖/那时青荷

白露来临，万物这样安静
光阴里所有的美，都如期而至
一群去往秋天的人
总住在离《诗经》最近的地方

我也在秋天的一隅
细数我所遇见的，一些有限的美
我的南窗之南，是南飞的雁阵
我的北国之北，是漫天的雪花
我的千山之内，是萧萧的落叶
我的彼泽之陂，是苍苍的蒹葭

这一刻明月生于海上，桂子落在山中
这一刻天涯注定咫尺，思念即是重逢

相信我所遇见的，这些有限的美
终是一种发自内心的清醒
终是三生石上的旧精魂

多少年在水之湄，溯洄从之
一些碎言碎语的梦
已被露水无声打湿，被记忆渐渐尘封
一如手心，长满了光阴的霜

一如曾经，那些兜兜转转的暖
因归于心底，而被月光默默还原
那些与秋天有关的愿景啊
是多少年莫失莫忘，不离不弃
在不曾展开的纸上

白露，露从今夜白

“戍鼓断人行，边秋一雁声。露从今夜白，月是故乡明”，这是大诗人杜甫的千古名句。它犹如一轮明月，护佑着秦州城里的众生和草木，千百年来，在时间的长河中，被羁旅与思乡的人们反复吟诵。这首作于陇右要隘、长安以西第一个重镇秦州（今甘肃省天水市秦州区）南郭寺的《月夜忆舍弟》诗，写尽了亲人间的离情与别绪。

白露时节的夜晚，清露盈盈，凉风习习，让流寓他乡的杜甫生起丝丝寒意。明明是普天之下共享一轮明月，却让牵肠挂肚、愁绪满怀的游子别有一番滋味在心头，恍惚之间，感觉遥远的故乡的月亮才是最圆满、最皎洁的。

白露是二十四节气中的第十五个节气，是秋季的第三个节气，是孟秋时节的结束和仲秋时节的开始，反映着自然界气温的显著变化，每年公历9月7–9日交节。《月令七十二候集解》中说："水土湿气凝而为露，秋属金，金色白，白者露之色，而气始寒也。"

白露节气起，最明显的感受就是昼夜温差进一步拉大，早晨和夜间都能感觉到秋天的凉意了。夏日残留的暑气逐渐消散，天地间的阴气不断上升扩散，只要太阳一下山，气温便很快下降，以至于"寒生露凝"。清晨时分，我们会发现花草树木上有很多晶莹剔透的露珠。

民间有谚语说："白露秋分夜，一夜凉一夜。"凉爽的秋天正式登场了。白露过后，气温下降速度加快，一天会比一天凉爽了。

白露时节，万物随着寒气增长，逐渐萧落与成熟，中华大地处处呈现出一派丰收而忙碌的景象。

东北地区，开始收获谷子、高粱和大豆，一些地方开始采摘新棉，同时还要给棉花、玉米、高粱、谷子、大豆等选种和留种，还要及时腾茬，整地，送肥，抢种小麦。

华北地区，此时也是秋收大忙季节，各种秋季作物已经成熟，开始收获，同时还得抓紧送粪，翻耕，平整土地，及早做好种麦的准备工作；西北地区，开始播种冬小麦了。

华中地区，人们正抓紧时间收割水稻，夏玉米也开始收获了，棉花也分批采摘，晚玉米得加强水的管理，还得抓紧时间平整土地，为种麦做好准备；黄淮和江淮地区，人们正在抓住气温较高的有利时机浅水勤灌。

西南地区，“白露白茫茫，谷子满田黄”，水稻和谷子得抓紧时间收割，玉米、甘薯等晚秋作物得加强田间管理。

华南地区，气温骤降，降雨增多，具有强度小、雨日多、常连绵的特点，所以当地有“白露天气晴，谷米白如银”的说法，此时要积极采取相应的农技措施，减轻或避免秋雨危害。

这几天，我和母亲通话时，母亲说，家门前菜园地里的南瓜、豆角、茄子和西红柿都成熟了，但很长时间没有下雨了，地里特别干旱，严重影响棉花、山芋、大豆等农作物的生长，连小白菜也无水播种。我建议母亲接些自来水浇地种菜，母亲说，自来水和天上下的雨水的作用完全不一样，确实如此。

“白露”一词最早见于周代，《周礼·月令》中说：“孟秋之月，白露降，寒蝉鸣。”但这里的“白露”还只是个自然征象，而非节气。

同样，很多人认为《诗经》中的“蒹葭苍苍，白露为霜。所谓伊人，在水一方”中“白露”就是白露节气，其实也不尽然，因为到汉代时才确定了二十四节气。“白露为霜”，地面上的水气遇到寒冷空气凝结而成霜，可见此时更接近经历白露、秋分、寒露之后的“霜降”节气了。这时气温骤降，昼夜温差达到最大，天气逐渐由冷转寒了。

白露有三候：“一候鸿雁来，二候玄鸟归，三候群鸟养羞。”

白露三候描述的景象都与鸟类有关，这也是二十四节气中唯一的三个物候特征全部与鸟类相关的节气，自然界的鸟类成为名副其实的“气候预报员”了，它们真实地反映着夏秋交替时节的气候与气温变化。

白露时节，“二月北飞，八月南飞”的鸿雁自北向南迁徙，可谓是“八月雁门开，雁儿脚下带霜来”。在晋北代县的雁门关，此时便可看到大雁南飞的景象。

大雁是典型的食植性群居类水禽，灵性十足，特别擅长飞翔，被誉为“禽中之冠”。在中国传统文化中，大雁象征着仁、义、礼、智、信等诸多品性，人们很早就把雁当作文明的象征，中国古时就有以大雁为礼物的惯例。大雁也代表着愿力，如陕西省西安市有现存最早、规模最大的唐代四方楼阁式砖塔大雁塔。大雁还代表着吉祥、忠贞、乡愁、思念等，如杜甫的诗句“鸿雁几时到，江湖秋水多”，王湾的诗句“乡书何处达，归雁洛阳边”，张籍的诗句“边城暮雨雁飞低，芦笋初生渐欲齐”，欧阳修的诗句“夜闻归雁生乡思，病入新年感物华”，李清照的词句“云中谁寄锦书来，雁字回时，月满西楼”等等。人们也习惯性地将秋天称为“雁天”。

紧接着，春分初候时自南方飞到北方的燕子没有飞虫等食物可捕食了，也要飞回南方去过冬。麻雀、喜鹊等很多鸟不需要去南方过冬，但也都开始忙着贮存干果粮食，以备越过即将到来的寒冬了。

三候中的“羞”同“馐”，即美味的食物。《月令七十二候集解》中说：“三候，群鸟养羞。三人以上为众，三兽以上为群，群者，众也。《礼记》注曰：羞者，所美之食。养羞者，藏之以备冬月之养也。”

白露节气临近中秋佳节，秋高气爽，天蓝云白，金桂飘香，这让白露不仅是个气象的节气，也是个充满诗意的节气，它承载了中国人的离别、思念、丰收、团圆的悲伤与喜悦之情。

有名的诗句，除了杜甫的“露从今夜白，月是故乡明”之外，还有很多，如李白的“相思黄叶落，白露湿青苔”“玉阶生白露，夜久侵罗袜”，白居易的“清风吹枕席，白露湿衣裳”，元稹的“露沾蔬草白，天气转青高”，陶渊明的“道狭草木长，夕露沾我衣”，刘骏的“绿草未倾色，白露已盈庭”，仲殊的“白露收残暑，清风衬晚霞”，雍陶的“白露暖秋色，月明清漏中”，等等。

中医典籍上的药露，大多为植物的叶或花上的露水。唐代陈藏器的《本草拾遗》上记载："百花上露，令人好颜色。"明朝李时珍的《本草纲目》上也有记载："秋露繁时，以盘收取，煎如饴，令人延年不饥。"所以，民间自古就有在白露节气"收清露"的习俗，也成了白露时节最特别的一种仪式。

民间还有"春茶苦，夏茶涩，要喝茶，秋白露"的说法，所以此时也有饮白露茶的习俗。白露茶就是在白露时节采摘的茶叶，此时的茶树经历了夏季的酷热，在白露前后，迎来了另一个生长佳期。这时的茶，既不像春茶那样鲜嫩而不耐泡，也不像夏茶那样干涩而多了一层苦味，给人的感觉正是恰到好处。

夜渐长，露渐凉，别忘添衣裳；收点清露，喝杯白露茶。那些常年寄居他乡的人，或许更能感受到季节的轮转与变易，更能体会到白露时节的清冷、洁净与故乡的月明。

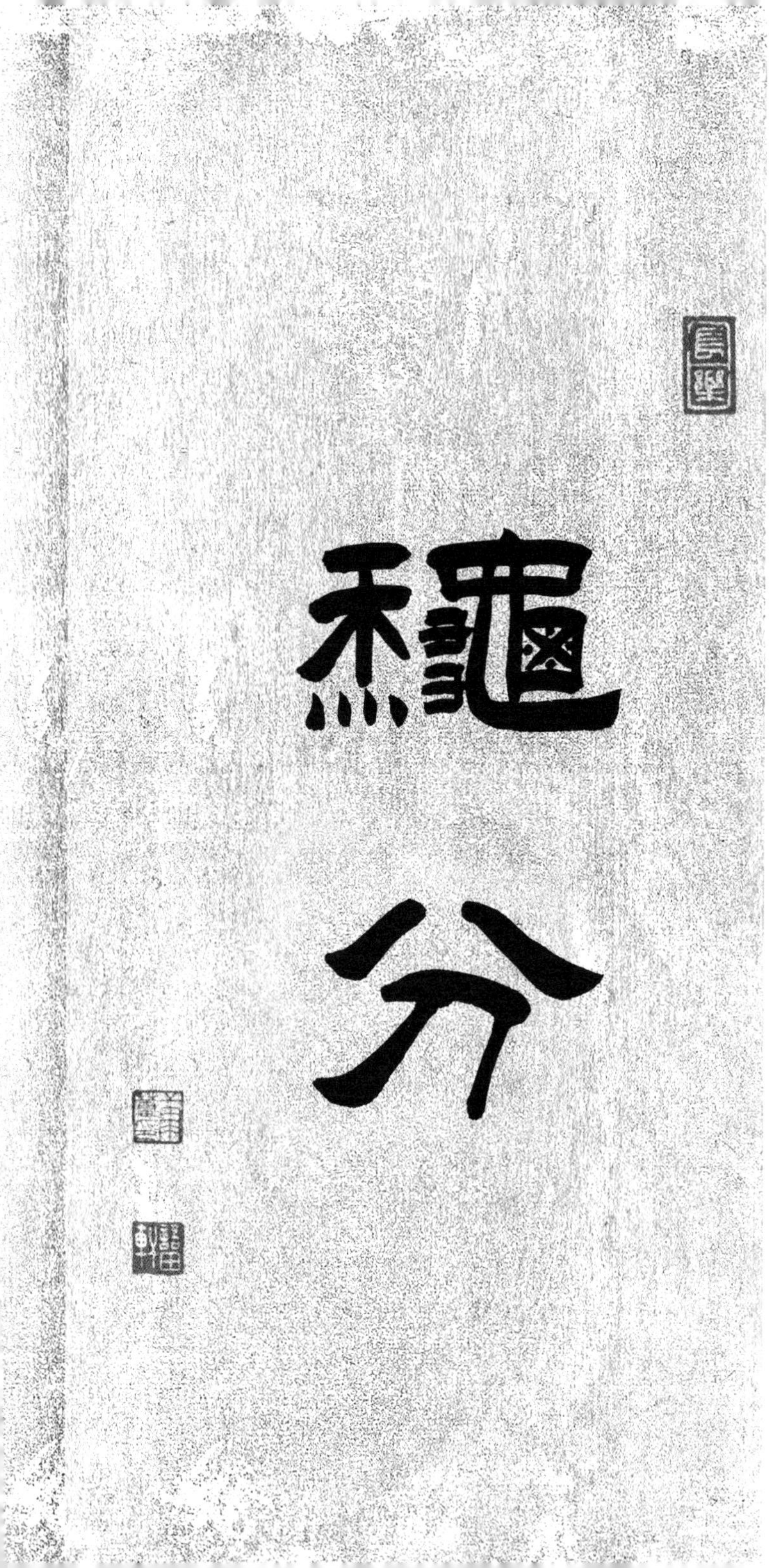

秋分是二十四节气中的第十六个节气，每年公历9月22–24日交节。

秋分，不仅平分了昼夜，还平分了秋季，也平分了秋色。

合肥市稻香村小学教育集团望江路校区六（4）班　曹淑妍　指导老师　张　萍

秋分

稻谷飘香，
蟹肥菊黄，
大地处处呈现出
硕果累累的景象。
秋分之夜，
是如此的宁静和安详；
心与季节一起沉静下来时，
记忆中一幅幅熟悉的场景，
仿佛回到了眼前。

秋分帖/那时青荷

今年秋气早，不觉已秋分
应是昨夜几声蛩鸣
平分桂子寸寸碎落的暗香
一天天，送来更深露重的消息

我看见，窗外四野的秋色
在视线尽头，山峦一般或近或远
又或似一轮迢迢璧月
从阴晴走到圆缺，在碧海青天之上

不过一阵突如其来的秋风
心中便飘下落叶，三三两两
也仅是一场年年如是的秋风
所有的千山万水，都开始雁鸣如霜

往后的清晨，一天比一天沁凉
一畦露水，一遍遍打湿《诗经》的注脚
而一天比一天早到的黄昏
恰似乡思一样漫漶
更有秋风万里，吹疼我辽阔无边的梦乡

我愿意借这一片秋水长天
回到自己的南山，在心中修篱种菊
七月食瓜，八月剥枣
九月筑好场圃，十月纳禾获稻

我愿意借这一片秋水长天
与前世今生的草木，相遇或重逢
在它们的名字里，定居及远行
从春分的故里，到秋分的河岸

秋分，日夜两均长

秋分是二十四节气中的第十六个节气，是秋季的第四个节气，每年公历9月22—24日交节。董仲舒《春秋繁露》中有这样的记载：“秋分者，阴阳相半也，故昼夜均而寒暑平。”秋分不仅平分了昼夜，还平分了秋季，当然，也平分了秋色。不知不觉中，秋天已经过去一半了。

和春分一样，秋分这天，太阳几乎直射地球赤道，全球各地阴阳相半，昼夜等长；在地球的南北两极，太阳整日都落在地平线上。往后，太阳光直射的位置将由赤道向南半球慢慢推移，北半球白天的时光就渐渐地短了，直到冬至那天。

从秋分起，随着太阳光直射位置继续南移，地球得到的太阳辐射越来越少，而地面散失的热量却较多，气温降低的速度明显加快了，昼夜温差进一步加大。如果此时下一场连绵秋雨，就会感觉到冷意了。有农谚说：“一场秋雨一场寒，十场秋雨添衣裳。”可见，此时的天气已经由白露时节的凉爽逐渐过渡到冷和寒了。

但秋分节气期间，全国大部分地区都还是凉风习习、风和日丽的状态，处处碧空万里，秋高气爽，不热也不冷，气候最是宜人。

夜晚时分，我在家乡的田园里散步，菜园里、草丛中、水塘边时不时地传来蝈蝈和蛐蛐清亮的鸣叫声，一会儿在左边，一会儿在右边。在这宁静的乡间夜晚，这声音仿佛是秋天田园里最美妙的天籁之音。

秋分是收获的季节，也是耕种的季节，所以秋分时农家显得格外的忙碌。华北地区开始播种冬麦，当地有农谚说：“白露早，寒露迟，秋分种麦正当时。”长江流域及南部广大地区正忙着收割沉甸甸的晚稻，黄灿灿的玉米也挂满了农家的屋檐，花生也饱满了。大豆的叶子终于熬成金黄色，开始掉落，地里的豆荚胀得鼓鼓的，随时要炸裂的样子。

农家一边抢收秋收作物，以免遭受早霜冻和连阴雨的危害；一边忙着耕翻土地，准备播种油菜等冬作物。这样可以充分利用冬季来临之前有限的热量资源，促进植物抓住一年中最后的时机来生长。

春种秋收，春华秋实。秋分时节，不仅稻谷飘香，蟹肥菊黄，大地处处呈现出硕果累累的繁华景象，也是人们踏秋赏景的大好时机，可以走到户外，徒步郊游，登高望远，观云抒怀，以积极的心态迎接成熟与丰收的季节。

基于秋分节气的自然特点，自2018年起，中华人民共和国国务院决定将每年的秋分日设立为“中国农民丰收节”。这是第一个在国家层面上专门为农民设立的节日，以此调动亿万农民的积极性、主动性和创造性，提升他们辛勤劳动的荣誉感、幸福感与获得感。

这一天，全国各地都举行形式多样的文艺汇演与农事竞赛，全面展示农村改革发展的巨大成就，也展现着中国自古以来以农为本的优秀传统和农耕文明；这一天，广大的农人们庆祝丰收，享受丰收。我觉得，无论是对农业、农村还是农民来说，这都是一件好事，也是一种民族情怀。

秋分有三候：“一候雷始收声，二候蛰虫坯户，三候水始涸。”

一候之时，气温逐渐降低，冷暖空气对流随之减少，雷声也就稀少了；二候之时，很多小虫子都跑到地下洞穴藏起来，并用细土封住孔洞以避免寒气的侵入；三候之时，随着降水的减少，那些较浅的河湾渐渐干枯了。

四季在不停地轮转，万物在悄悄地变化，只有用心观察自然界里的这些细微之处，更多地融入大自然当中，我们的生活与生命才是鲜活的。

“秋分到，蛋儿俏”，每年到了秋分这一天，世界各地就有无数充满好奇心的人在做“竖蛋”游戏。人们选择一枚匀称的新鲜鸡蛋，在不借助任何外力的情况下，将其竖立在桌面上，以此为乐。

秋分、春分与冬至、夏至一样，也是古时最早被确立的节气，古人格外重视这四个节气。古代帝王在春分时祭日，夏至时祭地，秋分时祭月，冬至时祭天，祭祀的场所分别被称作日坛、地坛、月坛和天坛，分设在东、北、西、南四个不同的方位。

秋分便是传统的“祭月节”。祭月是一种十分古老的习俗，是古人对“月神”的一种崇拜。《礼记》中有这样的记载：“天子春朝日，秋夕月。朝日之朝，夕月之夕。”北京的月坛就是明清皇帝祭月的地方。如今，中国各地仍然遗存着很多“拜月坛”“拜月亭”“望月楼”等古迹。

现在的中秋节就是由“祭月节”逐渐演变而来的。由于秋分节气这天在农历八月里的日子每年是不同的，因此不一定每年都能恰逢月圆之时，祭月时无圆月，必定是大煞风景的，所以，后来人们将“祭月节”调至农历八月十五日了。中秋节和春节、清明节、端午节一起，成为中国四大传统节日。古时中秋这一天，帝王祭月，文人赏月，民间拜月；如今，中秋节是个万家团圆的节日，人们举行赏月、猜灯谜、吃月饼、喝桂花酒、玩花灯等习俗活动。

秋分时的栾树，叶子慢慢由绿色向黄色靠近，开出了金黄的花，之后，便结出紫红色的果实，像一盏盏灯笼，煞是好看；桂花到了最香的时候，满城飘香，沁人心脾；枫叶红了，银杏黄了，苹果、葡萄、山楂、石榴、柿子都熟透了，果实累累。此时，广袤的天地间，可谓是“树树皆秋色，山山唯落晖”。

或许是秋分节气与中秋佳节临近的缘故，秋分似乎特别受到古代文人墨客的喜爱，一首首咏秋的古诗词里，道尽了秋日里景之唯美与人之风情。

推荐两首与秋分相关的诗词。一首是清代张安弦的《送燕》：“节届秋分社事忙，送君前路入苍茫。年年不作无家别，半在他乡半故乡。”读这首诗时，我总能感觉到，这燕如人，人亦如燕。

另一首是宋代杨公远的《三用韵十首·其三》：“屋头明月上，此夕又秋分。千里人俱共，三杯酒自醺。河清疑有水，夜永喜无云。桂树婆娑影，天香满世闻。”

明月爬上了屋顶，又到了秋分时候。一轮明月，千里相共，独饮三杯酒后，已有微醺之意。河水清澈安静，因为没有流动，所以似乎看不见水的存在，夜晚的天空万里无云，万般干净。桂花树的影子轻轻舞动着，幽幽飘香，散发在尘世间的每一个角落里。

秋分之时，是如此的宁静和安详。当我们的心与季节一起沉静下来时，记忆中一幅幅熟悉的场景，仿佛回到了眼前。

寒露是二十四节气中的第十七个节气，每年公历10月7–9日交节。太阳高度继续降低，日照继续减少，气温继续下降，寒气渐渐生起，凝聚成露。

深圳市盐田区田心小学四（5）班　于斐然

寒露

又是一年寒露至，
又是一年秋意浓。
天地间秋风肃杀，
草枯叶落，
花木凋零。
约上三五亲朋，
一起登高望远，
看白云、红叶与黄花，
既可强身健体，
也可怡情润心。

寒露帖/那时青荷

寒露时节，秋意渐深
露水如此之白，所有的凉意
渐渐从古老的诗篇里醒来
进入每一棵草木的内心

是这样露水汤汤的时候
当所有的水意，涌向我的双眸
我看见，我的村庄之外
遍地庄稼，河流缓缓流淌

我喜欢沿着这条清澈的河流
溯洄一段古老而芳香的故事
以一种回忆或想象的方式
抵达一切与秋天有关的内容

这一刻秋风吹拂，秋草萋萋
山川逶迤，万物安静而美好
当更多的露水，开始濡湿我的记忆
我听见来自心底的呼吸

我深知，这露水泠泠的清晨
所有的草木，都会懂得光阴的深意
一如季节来去，今生的辗转
每一个瞬间，都是一场烟水苍茫

唯有一丛临水而生的芙蓉花
还是记忆里的旧模样
我在每一滴露水里，明心见性
看见我如露如电的前身

寒露，月白露初团

这几天，北方一股冷空气突然南下，经历了很长一段时间的干旱之后，终于下了一场秋雨，温度一下子下降了很多。早晨或者傍晚，走在乡间的小路上，会感觉到明显的寒意，这是到了寒露的时节了。秋衣秋裤该派上用场了，有农谚说：“吃了寒露饭，少见单衣汉。”

寒露是二十四节气中的第十七个节气，是秋季的第五个节气，每年公历10月7–9日交节。寒露时节，太阳高度继续降低，日照继续减少，气温继续下降，寒气渐渐生起。与白露时节相比，寒露时气温更低，露水更多，寒气会凝聚成露，因而称之为“寒露”。《月令七十二候集解》中说：“九月节，露气寒冷，将凝结也。”民间也有“露水先白而后寒”的说法。

此时，南方秋意渐浓，气爽风凉，少雨干燥；北方却迥然不同，一些地区已呈现冬季景象，千里霜铺，万里雪飘。

江淮之间的杂交稻已收割完毕，晚糯稻很快就要成熟了，正如农谚所总结的“寒露到，割晚稻；霜降到，割糯稻”；山芋、棉花、大豆正在采收；乡野的柿子红透了，无人采摘，成为鸟儿的食物；一场秋雨湿润大地之后，农家忙着种油菜了。

北方的冬小麦已经应着时节播种下去了；南方地区最怕出现气温低、风力大的“寒露风”天气，这种秋季低温的状况会导致晚稻严重减产，有农谚说，“寒露雨，偷稻鬼；寒露风，稻谷空”；华南地区最怕出现长时间的绵绵细雨，湿度大，云量多，日照少，会影响收获和播种。

每个季节都有彰显这个季节精神气质的花，寒露到来的农历九月，菊花正盛开，所以九月又称“菊月”。和大多数春夏季节盛开的花不同，菊花是个“反季节”的花，越是霜寒露重，越是开得艳丽，所以自然成为寒露时节最具代表性的花卉，处处都可以见到它的踪迹。在中国民俗与文化中，菊花的品质被人格化了，代表着君子之德、隐士之风、志士之节，历来受到文人墨客的称颂。孟浩然曾诗曰：“待到重阳日，还来就菊花。”元稹曾诗曰：“不是花中偏爱菊，此花开尽更无花。”陶渊明曾诗曰：“采菊东篱下，悠然见南山。”苏轼曾诗曰：“荷尽已无擎雨盖，菊残犹有傲霜枝。”唐末农民起义领袖黄巢曾写过《不第后赋菊》诗：“待到秋来九月八，我花开后百花杀。冲天香阵透长安，满城尽带黄金甲。”

此外，菊花还象征着长寿与长久。此时正好临近重阳节，所以重阳节又被称为“菊花节”。重阳节是在每年农历九月初九，是我国最重要的传统节日之一，也叫老人节、重九节、登高节、晒秋节、踏秋节、茱萸节等。自古以来，就有重阳节时出游赏景、登高远眺、遍插茱萸、吃重阳糕、聚会饮酒、赏菊赋诗等习俗。王维曾写有著名的《九月九日忆山东兄弟》诗：“独在异乡为异客，每逢佳节倍思亲。遥知兄弟登高处，遍插茱萸少一人。”

现在，很多地方还流行在寒露时节酿制几坛菊花酒，到第二年的这个时候再开坛享用。或者，泡上一壶枸杞菊花茶，为生活增添色彩。

北方的枫叶渐渐地红了，到了欣赏的好时节，这自然又让人想起唐代诗人杜牧的《山行》诗：“远上寒山石径斜，白云生处有人家。停车坐爱枫林晚，霜叶红于二月花。”

江南的螃蟹成熟了；秋茶也到了采摘的时候；刚刚收割回来的芝麻，被农家人晒干后炒熟，研磨成粉，香气诱人；趁着晴好的天气，农家人将地里的棉花都采收回来了，有谚语说：“寒露不摘棉，霜打莫怨天。”

此时，虽然天地间秋风肃杀，草枯叶落，花木凋零，但若是约上三五亲朋，一起登高望远，看白云、红叶与黄花，不仅可以强身健体，也可以怡情润心。

白露节气和寒露节气皆以“露”命名，一个在秋分前，一个在秋分后，反映着不同的气象与物候。白露是夏秋的过渡节气，此时炎热刚刚退去，天气逐渐变凉，“凉”是这个节气的特征；到寒露时，气温更低，“寒”则是其特征了。

寒露有三候：“一候鸿雁来宾，二候雀入大水为蛤，三候菊有黄华。”

一候之时，鸿雁排成队列大举南迁。《月令七十二候集解》中说：“雁以仲秋先至者为主，季秋后至者为宾。”这是说人们将每年农历八月先飞回南方的大雁叫作“主雁”，将农历九月以后飞回南方的大雁称为“宾雁”，好像是主人迎接宾客一般。此时，便是最后一批大雁南迁了。

二候之时，深秋天寒，雀鸟们都躲藏起来，不见踪影了，而恰巧此时，因气温降低，深水处光照不足，蛤蜊多聚集在岸边的浅水区活动。其贝壳的条纹及颜色与雀鸟很相似，古时人们便以为雀鸟是为了逃避寒冷而躲进水里变成了蛤蜊。这大概是个古老的传说吧，也或许是过去人们的一种质朴的想象，天上飞物入水幻化为潜物，这正是时空流转、季节轮换，生命应时而变、生生不息的象征。

三候之时，百草枯萎，千花凋零，万物萧瑟，菊花却不畏寒冷，傲然绽放。菊与梅、兰、竹并称为“花中四君子”，深受古代文人雅士的喜爱。

寒露至，山河秋已深。深秋时节的露水和落在草上的春雨一样，都是文人墨客借景抒情的最好意象。自古以来，盈盈的寒露引起了诗人们无限的诗情。

白居易在《池上》中写道：“袅袅凉风动，凄凄寒露零。”王安石在《八月十九日试院梦冲卿》中写道：“空庭得秋长漫漫，寒露入暮愁衣单。”李绅在《宿瓜州》中写道：“柳经寒露看萧索，人改衰容自寂寥。”韩翃在《鲁中送鲁使君归郑州》中写道：“九月寒露白，六关秋草黄。”韩愈在《木芙蓉》中写道：“新开寒露丛，远比水间红。”

除此之外，戴察在《月夜梧桐叶上见寒露》中写道：“萧疏桐叶上，月白露初团。”钱起在《晚次宿预馆》中写道：“回云随去雁，寒露滴鸣蛩。”元稹在《咏廿四气诗·寒露九月节》中写道：“寒露惊秋晚，朝看菊渐黄。”刘沧在《秋日望西阳》中写道：“野花似泣红妆泪，寒露满枝枝不胜。”陈珏在《江夜》中写道：“几处清猿哀落木，满天寒露湿蒹葭。”……

细细品味着这些诗句，凄冷、闲适、相思、清美、绚烂、悠然、孤独，个中滋味，多少有些让人感同身受。

故人早已离去，又是一年寒露至，又是一年秋意浓，草木衰落，夕阳西下，年复一年，尘世间，一切依旧美好。

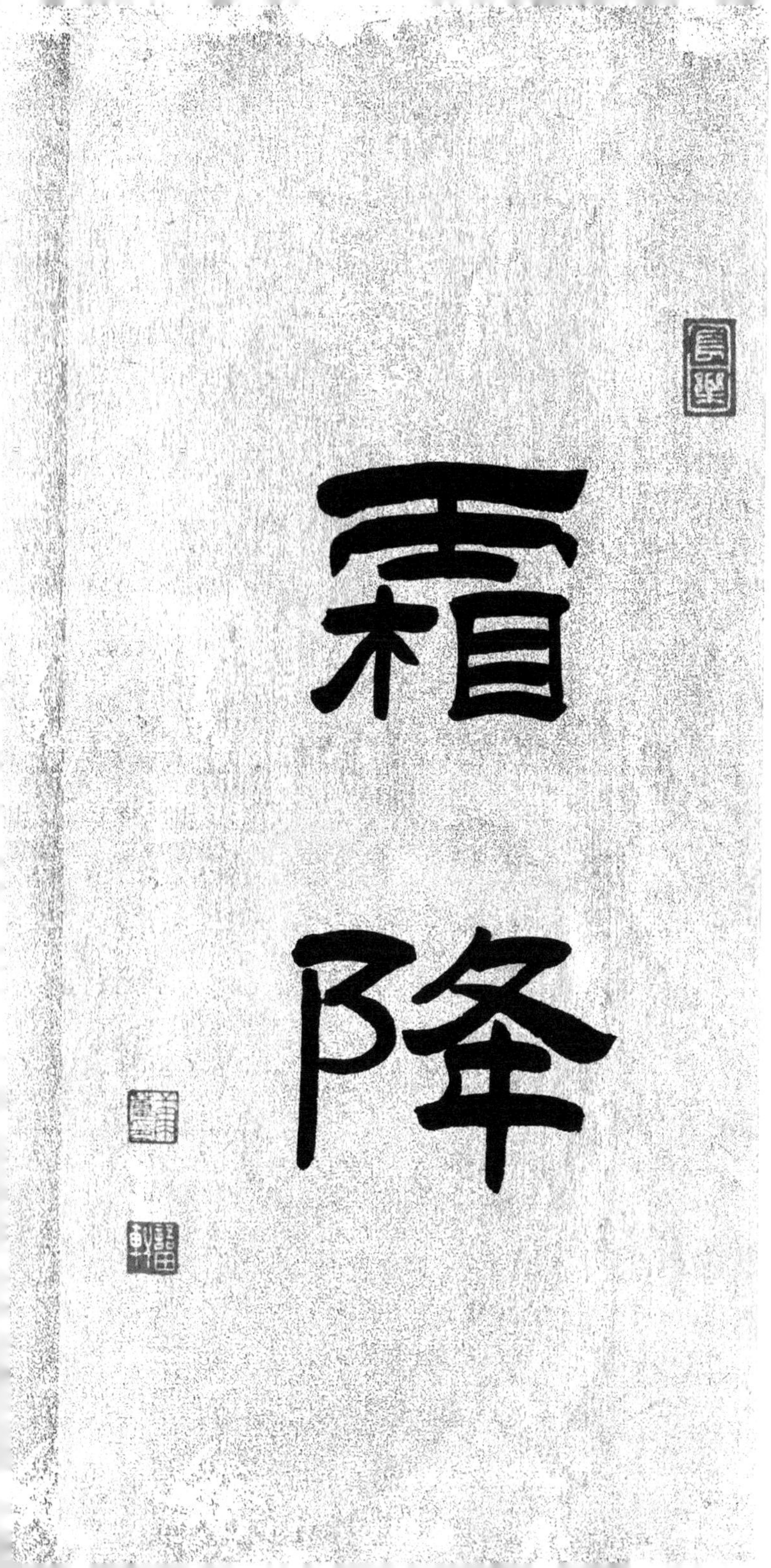

人間節氣

霜降是二十四节气中的第十八个节气，每年公历10月23–24日交节。冷空气南下频繁，气温骤降，地面上的水气遇到寒冷空气会凝结成霜。

霜降

池州市石台县占大中心学校六（1）班　陈艺萱　指导老师　朱爱秀

霜降

秋将逝，
冬将至。
虫儿静悄悄地
蛰伏在洞穴里了，
外面的世界再热闹，
也与它们无关，
这是智慧的选择。
有时，
我竟然会羡慕起
一只小虫子的生活来。

霜降帖/那时青荷

天气渐冷，露结为霜
比黄花还要瘦的风，从一纸宋词上吹来
多年以前，多年以后
就让所有的婉约，全在秋天落幕

只用一树美到无言的秋色
诉说对一季初霜的思念
只用一地桂花，酿一坛芳香的酒
在秋天的最后一页，雁字成行

不必寻觅，也不必书写
这一场或远或近的回溯
如手心这片落叶，如此脉络分明
一面，是雨前未落的姹紫
一面，是秋后醒来的虫声

愿春天看花的人，秋天可以去赏叶
愿所有美好的记忆，都从此落地生根

霜降，霜降——
这一场比黄花还要瘦的风
已经将万山红遍，层林尽染
秋天的最后一页，月色如玦又如环
往事，是落在心头最美的霜

我的思念，是一片宁静的秋山
天空，还是你在时的那么蓝
霜降，霜降——

霜降，秋事促西风

霜降是二十四节气中的第十八个节气，秋季的最后一个节气，每年公历10月23–24日交节。秋季正向冬季过渡了，有谚语说：“寒露不算冷，霜降变了天。”

霜降是一年之中昼夜温差最大的时节。此时，冷空气南下越来越频繁，气温骤降，早晚的天气有点冷了，地面上的水气遇到寒冷空气会凝结成“霜”。《月令七十二候集解》中说：“九月中，气肃而凝，露结为霜矣。”但中午的天气还比较热，秋燥现象十分明显。

霜降不是“降霜”，霜降节气反映的是天气渐渐变冷的气候特征，并不意味着进入这个节气就会降霜。东汉王充在《论衡》中说：“云雾，雨之征也，夏则为露，冬则为霜，温则为雨，寒则为雪，雨露冻凝者，皆由地发，不从天降也。”

气象学上，把秋季出现的第一次霜称为“早霜”或“初霜”，把春季出现的最后一次霜称为“晚霜”或“终霜”，终霜到初霜这一整段时间便是“无霜期”。农作物的生长期与无霜期有着密切的关系，无霜期越长，生长期也就越长。无霜期的长短因地而异，一般来说，纬度、海拔高度越低，无霜期就越长。中国是一个多霜的国家，因为中国大部分地区位于温带，经常受到冷空气的侵袭，有霜的范围很广，除海南岛、云南和台湾省南端、四川川江河谷部分地区和南海诸岛等地区外，其他地区均有长短不同的霜期。

霜降前后，江南、华南地区的气温还有些起伏不定；黄河流域一些地区已经出现白霜，在阳光的照射下，千里沃野，熠熠闪光；而西北、东北的部分地区，早已呈现出一片白雪皑皑的初冬景象了。

这期间，由于干冷空气逐渐一统天下，暖湿空气已被边缘化了，带有夏季和初秋特征的许多较为复杂的天气现象几乎不再出现了，天气状况相对简单。到了立冬前后，往往就会出现大范围较强的大风降温天气了，一些地方会在很短的时间里跨入冬季。有农谚说：“霜降见霜花儿，立冬见冰碴儿，小雪见雪花儿。”

这暮秋的时节，天地萧肃，树叶凋零，草木枯黄，所以民间有“霜降杀百草”的说法。唐代诗人齐己诗曰：“霜杀百草尽；蛩归四壁根。”蛩，古时指蟋蟀，古诗词中运用非常多，如早蛩、秋蛩、寒蛩、吟蛩、鸣蛩、醒蛩等等。白居易有诗曰：“早蛩啼复歇，残灯灭又明。”戴叔伦有诗曰：“风枝惊暗鹊，露草覆寒蛩。”

家乡门前池塘里的荷叶枯萎了，露出了一个个成熟的莲蓬；屋后的柿子树上的叶子落光了，光秃秃的枝干上，鲜红的柿子格外显眼，现出诱人的色彩；小路边的枫叶、乌桕叶愈加红艳了，像一团团正在燃烧的火焰，天地之间呈现出深秋的意境。这柿子、枫叶与乌桕，该是霜降时节最惹眼的乡村名片了。

农家的院落里，一筐筐新摘回来的棉花平铺在那里，晒着太阳，雪白雪白的；随处可见的桂花已经开很久了，香气依然不减，弥漫在小院的每一个角落，沁人心脾；菜园里的白菜与萝卜突然变得甘甜起来，印证了母亲前段时间跟我说的“十月萝卜赛人参”“霜打的青菜分外甜”。

地里的红薯叶子已经蔫头耷脑了，叶子下的泥土明显凸出了很多，并裂开了一条条细长的口子，裂缝之下的红薯隐约可见，成熟待挖，真可谓是“寒露早，立冬迟，霜降收芋正适宜”。这段时间，家家都会蒸上一大锅新鲜的红薯当作早餐，整个村庄都飘荡着一股红薯的香甜味。

霜降过后，中国北方大部分地区已进入秋收扫尾阶段，即使是耐寒的葱也不能再长了，农谚说："霜降不起葱，越长越要空。"而在南方，却还是个很忙的季节，晚稻还在收割，棉花才采收回来，又要忙着翻田整地种油菜了。

霜降有三候："一候豺乃祭兽；二候草木黄落；三候蛰虫咸俯。"

《逸周书》中记载："霜降之日，豺乃祭兽。"又曰："豺不祭兽，爪牙不良。"意思是说，霜降之时，豺狼开始捕获猎物，并以先猎之物祭兽。这如同人间每年新谷收割回来之后，人们都先用它们祭天，以示回报与感恩，并以此祈祷来年风调雨顺。霜降一候时的"豺乃祭兽"与雨水一候时的"獭祭鱼"、处暑一候时的"鹰乃祭鸟"一样，祭，是兽之义，也是人之本。

二候之时，秋尽而百草枯，西风漫卷而来，催落了叶，吹枯了草。一切生于大地，养于大地，又归于大地，这是天地间多么圆满的安排啊，与其说它们死寂了，不如说它们重生了。

三候之时，蛰虫无声，开始进入洞中不动不食，垂下头来进入冬眠状态。大自然经过了生机勃勃的春季、欣欣向荣的夏季、沉甸饱满的秋季，开始进入休眠的状态，这是生命的一场轮回。

生命正以修行的谦卑与姿态，获取来年的新生。

我习惯于观察每个节气中的三候，常常发现越是用心地观察与体悟，越是深深地为之感动：每一个看起来普普通通的物候现象，其实都是大自然的慈悲与造化。

“霜降碧天静，秋事促西风。寒声隐地初听，中夜入梧桐。”霜降时节，碧天澄静，西风乍起，秋事紧促。天气渐渐寒冷起来了，万物开始走向枯败，却也引发出古往今来无数文人墨客的诗意。

张继在《枫桥夜泊》里写道：“月落乌啼霜满天，江枫渔火对愁眠。”温庭筠在《商山早行》里写道：“鸡声茅店月，人迹板桥霜。”白居易在《岁晚》里写道：“霜降水返壑，风落木归山。”刘长卿在《九日登李明府北楼》里写道：“霜降鸿声切，秋深客思迷。”

陆游在《霜月》中写有“枯草霜花白，寒窗月新影。”江定斋在《列岫亭》里写道：“秋深山有骨，霜降水无痕。”曹邺在《早秋宿田舍》里写道：“南村犊子夜声急，应是栏边新有霜。”吕本中在《南歌子·旅思》中写道：“驿内侵斜月，溪桥度晚霜。”……

其实，人间每一个节气，都有景可看，都有诗可读，都有情可寄，这是人生的幸事。

有一个民俗很值得一提。相传清代以前，在每年的霜降日的五更之时，各地教场演武厅旁的旗纛庙里都举行隆重的收兵仪式：武官们汇集庙中，先行三跪九叩首大礼，再列队齐放三响空枪，然后再试火炮、打枪，谓之“打霜降”。因为按照古俗，每年立春时为开兵之日，霜降时为收兵之期。

霜降时，秋将逝，冬将至。自然界的虫儿也静悄悄地蛰伏在洞穴里了，外面的世界再热闹，也与它们无关了，这是智慧的选择。有时，我竟然无端地羡慕起一只小虫子的生活来，它们对季节和天地的敏锐与适应，是很值得我深思的。

人間節氣

立冬

立冬是二十四节气中的第十九个节气，每年公历11月8日前后到来。立冬是冬季的开始，意味着生气开始闭蓄，万物进入休养与收藏的状态。

合肥市师范附属第二小学六（7）班　江钰蕾　指导老师　徐荣荣

立冬

季节的日历，
已经悄然翻到了『立冬』，
走向光阴的深处，
走向内敛与收藏；
而人生之冬，
也应走向心灵的深处，
走向沉静与澄明。

立冬帖/那时青荷

今日立冬，秋风忽然吹尽
不过昨夜一地白霜，冬已来临
所有的落叶，开始萧萧而下
落满我的荷塘、田野与村庄

曾经说，要赶在一场落叶之前
开始一场说走就走的远行
只为遇见，自己的千山万水
只为找寻，梦里的前世今生

只为涉江采下一朵芙蓉
从此在每一个清澈的日子里
借一朵花的清香，从容生活
借一朵花的佛性，早悟兰因

今日立冬，岁月忽已晚
我却仍然停留在心灵的原地
四下寒风乍起，落叶纷纷扬扬
我已经，望不见渐行渐远的秋水
以及曾经的橘绿橙黄了

当霜降的枝头，挂满离别的序言
当年年如是的漫天雪花
即将抵达窗外的苍苍原野
覆盖我们曾经相逢的路
我相信冬有冬的来意

那么，就以这片片静美的落叶
做一个结绳记事的人
记一回死生契阔，与子成说
记一回执子之手，与子偕老
在立冬之前，在立冬之后

立冬，梅花一绽香

立冬是二十四节气中的第十九个节气，是冬季的开始，每年公历11月8日前后到来。《月令七十二候集解》里对“立冬”有很好的解释：“立，建始也；冬，终也，万物收藏也。”

春耕夏耘，秋收冬藏。立冬，不仅是冬季的开始，还意味着生气开始闭蓄，万物进入休养与收藏的状态。在一年四季的最后一个季节里，农作物收晒入库，大地趋于安静，动物蛰伏冬眠，万物在躲避风寒的同时，也为来年的勃发积蓄着内在的能量。

四季的变化是个连续不断的过程，阴阳转换，此消彼长。在这个连绵渐变的过程中，大自然呈现出四季轮回的无穷魅力。自古以来，人们尤其重视季节变化的节点。二十四节气中，作为四季起始的“四立”（立春、立夏、立秋、立冬），在古时都是非常重要的节日；作为四季中点的“两分”（春分、秋分）和“两至”（夏至、冬至），也具有非常重要的标志性意义。

立冬这一天，古代皇帝会率领文武百官到京城的北郊设坛祭祀，《礼记·月令》中就有记载：“立冬之日，天子亲率三公九卿大夫以迎冬于北郊。”民间也有各种迎冬、拜冬、贺冬等习俗和活动。

时至立冬，气候将从少雨干燥的秋季向阴雨寒冻的冬季过渡了，但由于此时地表尚有积热，所以初冬时节通常还不会太冷。虽然北方地区已经下雪了，但在南方地区，从立冬至小雪节气期间，还多见风和日丽、温暖舒适的“小阳春”天气，所以民间有谚语说：“八月暖，九月温，十月还有小阳春。”

随着时间的推移，冷空气会频繁南下，气温逐渐下降，次第迎来小雪、大雪、冬至和一年中两个最为寒冷的小寒与大寒节气。

农家几乎没有完全清闲的时候，立冬时节，忙完了秋收，还有冬种与田间地头的管理。

立冬时，中国大部分地区降水会显著减少。今年很长时间以来，江淮地区就一直干旱少雨。前段时间母亲在电话里跟我说，今年的油菜一直种不下去，再晚一些时日就赶不上季节了。过了几天，母亲又在电话里跟我说，终于下了一点零星小雨，总算把油菜种子撒下去了，但近期还是没有充足的雨水，肯定会影响油菜出苗的。

家乡有农谚说："重阳无雨看立冬，立冬无雨一场空。"还有一句顺口溜说："不怕重阳十三雨，重阳无雨看十三；十三无雨看立冬，立冬无雨一冬干。"我这几天也在密切地关注着家乡的天气变化。立冬前后，正是油菜查苗补缺、移密补疏的时节，估计母亲也天天都在盼着一场雨吧。

"不怕重阳十三雨，就怕立冬一日晴""立冬之日半日晴，冬季干得起灰尘""立冬无雨一冬晴，立冬有雨一冬淋""立冬麦盖三层被，来年枕着馒头睡"……这些带有鲜明地方特征的农谚，都是古代劳动人民根据日常观察总结出来的生活与生产经验，虽然未必完全准确，但总是在节气到来之时被人们津津乐道，确实也为农事劳作和平常生活提供了宝贵的参考依据。

立冬有三候："一候水始冰，二候地始冻，三候雉入大水为蜃。"

一候之时，水面开始结冰，这主要说的是中国黄河流域的情况。《月令七十二候集解》中说的"水面初凝，未至于坚也"，说的就是此时黄河流域的水面上开始凝结了一层薄冰，还不至于很厚实。此时中国西北和北方地区的水面早已结了一层厚厚的冰，而南方地区的水面依然水波荡漾。

二候之时，大地表面开始冻结。《月令七十二候集解》中说："土气凝寒，未至于坼。"意思是说，土地的表层开始凝结寒气，但未至于龟裂。

三候之时，野鸡进入江河中变成大蛤蜊。此时野鸡之类的禽鸟不多见了，而江河海边却可以见到外形与颜色都很像野鸡的大蛤蜊，古人便认为是野鸡在此时变成了大蛤蜊。这显然是古时人们在认识自然过程中的一种错觉，实际上，此时田野中的食物越来越少，野鸡飞入树林深处寻觅食物去了，当然就少见了。

《史记·天官书》记载："海旁蜃气象楼台，广野气成宫阙然。"这里也说"蜃"是海里能吐气成楼台形状的蛤蜊，实际上后来科学家发现，这是大气因光线折射而出现的一种自然现象，所以今天我们用"海市蜃楼"来比喻那些虚无缥缈而非实际存在的事物。

古时人们在观察和认识自然世界的过程中，由于受到各种条件的限制，以致二十四节气七十二候中，类似这种误判的情况很多，如惊蛰三候时的"鹰化为鸠"，清明二候时的"田鼠化为鴽"，大暑一候时的"腐草为萤"，寒露二候时的"雀入大水为蛤"。

浓郁的秋色还在延续，五彩的秋叶与成熟的果实还残留在冬的门口，但冬的大门一推开，天寒地冻的时节就要来了。

这里推荐两首关于立冬的古诗。一首是宋代仇远的《立冬即事二首（其一）》："细雨生寒未有霜，庭前木叶半青黄。小春此去无多日，何处梅花一绽香。"这首小诗可谓是诗语清新，诗风清瘦，诗境清冷，意境清远。

立冬时节，细雨生寒，尚未有霜；庭前落叶，半青半黄，在风中飘飞。此时距离小春，已无太多日子；早放的梅花，已经幽幽传来一缕香气。诗人先是通过触觉与视觉描写，精练地写出了立冬时节独有的气候特征，再从想象的角度展望春日可期，从嗅觉的角度展现立冬之美。整首诗格调高雅，景中含情，含蓄内敛，细细品之，令人口齿噙香，心境悠然。

另一首是明代王稚登的《立冬》："秋风吹尽旧庭柯，黄叶丹枫客里过。一点禅灯半轮月，今宵寒较昨宵多。"读来让人有种切身之感。

诗人说，等到秋风吹尽旧庭树木时，也就该到冬天了，树叶黄了，枫叶红了，但我还客居他乡。屋内一盏青灯，窗外半轮秋月，陪伴在我的左右，立冬之时，能明显感觉到今宵的寒冷超过昨宵了。诗人由秋风之寒、黄叶之寒写到禅灯之寒、秋月之寒，最终写到今宵之寒，一个"客"字，一个"寒"字，奠定了全诗的情感基调，可谓是"天冷游子更思乡"啊。立冬一过，就要临近岁末了，每一位天涯游子的心，也会和诗人一样吧，就此拉开了思归的序幕。

季节的日历，已经悄然翻到了“立冬”，走向光阴的深处，走向内敛与收藏；而人生之冬，也应走向生命的深处，走向沉静与澄明。

人間節氣

小雪

小雪是二十四节气中的第二十个节气，每年公历11月22–23日交节。寒潮和强冷空气活动频繁，降水渐多，天气将越来越冷。

合肥市颐和佳苑小学金牛路校区五（4）班　秦书辰

小雪

一片片飘零的落叶里，
残留在枝头的
红柿子上的微霜里，
冷风中蜡梅的
丫杈与花苞里，
枯萎的松树枝上
晶亮的露滴里，
写意画一般的荷塘里，
都藏着冬的轻盈与可爱。

小雪帖/那时青荷

忽尔小雪，即将水瘦山寒
尽管雪还在远方的路上
但这一年里，所有的桃红柳绿
终是要归于雨雪霏霏了

我愿意带着《诗经》一样的往事
等待一场小雪的寂静
在时间的千山万水之外
遇见一朵最初的雪花

或者放下所有的美丽与哀愁
和你去看一场江南的雪
在一程或远或近的风中
与一枝古典的绿萼，转角相逢

若一朵雪花的山长水远
注定是此生无可安放的诗意
且让一场寂静的小雪
一路陪着我，回到心底温暖的故乡

就这样，铺一张光阴的生宣
写一回，曾经的姹紫嫣红
写一回，手心的流水今日
写一回，梦里的明月前身

忽尔小雪，有雪自远方而来
就这样，带着小小的辽阔和苍茫
来到今生听过春雨的小楼
还有前世买过杏花的深巷

小雪，能饮一杯无

小雪是二十四节气中的第二十个节气，是冬季的第二个节气，每年公历11月22—23日交节。

小雪节气是一个气候概念，反映着降水与气温的变化。此时，西北风成为中国广大地区的“常客”，寒潮和强冷空气活动频繁，降水渐多，天气将越来越冷，但在此期间，寒冷未深而且降水量也不大，加上“雪”是寒冷天气的产物，所以人们用“小雪”来描述这个节气里的气候特征。

《孝经纬》里说：“（立冬）后十五日，斗指亥，为小雪。天地积阴，温则为雨，寒则为雪。时言小者，寒未深而雪未大也。”《月令七十二候集解》里说：“十月中，雨下而为寒气所薄，故凝而为雪。小者未盛之辞。”

节气小雪与我们日常在天气预报里听到的“小雪”意义完全不同。节气的小雪与天气的小雪并无必然的联系，并不意味着此时就一定会下起小雪来，比如黄河中下游及其附近地区全年下雪最频繁、最大的节气，既不是小雪、大雪，也不是小寒、大寒，而是在立春之后的雨水节气。

小雪是寒冷开始的标志。小雪前后，北方大部分地区气温逐步降到了0℃以下；黄淮地区可能会看到初雪的降临，一般雪量较小，往往还是以雨夹雪的形式出现；长江中下游地区也呈现出初冬的景象了，可谓是“荷尽已无擎雨盖，菊残犹有傲霜枝”。

小雪节气的到来，还是很让人盼望着下起一场雪来的，尤其是冬季里的一场初雪，总会让人有些惊喜的。“北风卷地白草折，胡天八月即飞雪。忽如一夜春风来，千树万树梨花开。”唐代著名边塞诗人岑参在《白雪歌送武判官归京》诗中，以敏锐细致的观察力和浪漫奔放的笔调，描绘了祖国西北边塞初雪时的壮丽景色。

小时候，一到冬天，我们就盼望着下一场大雪。在孩子们的眼里，雪花造就了神奇的世界；我对雪的印象，也是童年时候留下来的，轻盈而洁白的雪，承载了童年时期太多欢乐的时光。而在大人们的眼里，小雪节气一过，离年关也就不远了，这一年又快结束了；大人们喜欢感叹时光易逝，整天都很忙碌，所以是很难快乐的。

田野里，小麦、油菜在静静地生长，农家人认为“瑞雪兆丰年”，农谚也有“小雪雪满天，来年必丰年”的说法，这是有一定道理的：一方面，降雪可以增加土壤含水量，为冬季农作物补充了水分；另一方面，降雪可以冻死一些病菌和害虫，来年农作物的病虫害会大大减少的；同时，积雪也有保暖作用，有利于土壤里的有机物的分解，能增强土壤的肥力。所以，农家也有谚语说：“小雪无雪大雪补，大雪无雪农夫苦。”

到了小雪节气时，农家相对清闲了一些。“小雪到，睡懒觉”“小雪小雪，暖暖被窝”“小雪到了天气冷，晒晒太阳猫猫冬”，这些谚语里也蕴含着农家人生活的情趣。

又到了农家腌菜的时候了，这是农家人保存蔬菜的一种重要的方法，自古以来，民间就有“小雪腌菜，大雪腌肉”的习俗。小雪节气，正好是收秋菜的时候，菜比较多，腌制起来，既可以延长食用期，又增进口感风味。民间有谚语说，“小雪飘飘来，忙着贮白菜”“小雪不收菜，冻了莫要怪”。

我们都知道，雪一般都是白色的，所以民间认为“天降红雪，必有奇冤”。其实，这是一种迷信的说法，下红雪也是很正常的自然现象。全球范围内曾下过五颜六色的雪，如珠穆朗玛峰、南极拉茨列夫浮冰站曾下过红色的雪花，铺在地上，像一层鲜红色的地毯一般；美国加州山区曾下过绿色的雪，大雪过后，地上犹如雨后春笋般地长出了“绿色的草坪”；瑞士曾下过褐色的雪；英国曾下过黑色的雪；俄罗斯也曾下过各种颜色的雪。

据科学家分析，一些带颜色的单细胞藻类在零下温度时也能繁殖，比如红藻、黄藻、绿藻、蓝藻、褐藻等，当风雪把它们卷到空中时，在雪和尘埃里也能汲取营养而迅速繁殖，一同降下来后，就是各种颜色的雪了。当然，也有一些雪和当地的环境污染有关，比如绿雪、黑雪可能和化工污染有关。

小雪有三候：“一候虹藏不见；二候天气上升，地气下降；三候闭塞而成冬。”

一候之时，天空已经看不到彩虹了。彩虹是气象中的一种光学现象，当太阳光照射到半空中的水滴时，光线被折射和反射，就会在天空中形成拱形的七彩光谱，由外圈至内圈呈红、橙、黄、绿、蓝、靛、紫七种颜色。小雪节气时，气温下降，雨水变成了冰雪，彩虹自然就难以出现了。唐代诗人元稹在《咏廿四气诗·小雪十月中》诗中写道：“莫怪虹无影，如今小雪时。”唐代诗人徐敞还专门写了《虹藏不见》一诗，亦有“迎冬小雪至，应节晚虹藏”之句，正好呼应。

二候之时，天空中的阳气上升，而地里的阴气下降，天地之间开始闭塞起来；阴阳不交，万物凋零，自然界失去了往日的生机与活力。

三候之时，天地闭塞而成冬，万物的气息飘移与游离几乎停止，预示着冬天真正到来了；天气一天要比一天寒冷了，河流开始结冰，家家关门闭户，防止冷空气的侵袭。

“小雪到，冬始俏”，每一个节气都有着这个节气特有的景致。小雪时节，只要稍稍用心，我们随处都能见到初冬俏丽的风姿。一片片飘零的落叶里，残留在枝头的红柿子上的微霜里，冷风中蜡梅的丫杈与花苞里，枯萎的松树枝上晶亮的露滴里，写意画一般的荷塘里，都藏着冬的轻盈与可爱。

小雪也是一个特别有诗意的节气。陆游在《初冬》诗中写道：“平生诗句领流光，绝爱初冬万瓦霜。枫叶欲残看愈好，梅花未动意先香。暮年自适何妨退，短景无营亦自长。况有小儿同此趣，一窗相对弄朱黄。”

诗人说，初冬时节，枫叶越是残破，就越觉得它好看；梅花还未绽放，但是梅香已在心中流转了，早就闻到了它的香气。这是诗人在暮年时的一种随遇而安、恬淡舒适的人生境界，或许只有经历过的人，才能真正体会得到。

而诗人白居易已经酿好了淡绿的米酒，烧旺了殷红的小火炉，此时天色将晚，雪意渐浓，诗人不禁深情吟诵道：“绿蚁新醅酒，红泥小火炉。晚来天欲雪，能饮一杯无?”

小雪节气，谁也这般邀你，共饮一杯暖酒呢?深夜里，有没有一股梅香在我们内心深处流转呢?

人間節氣

大雪是二十四节气中的第二十一个节气，每年公历12月6–8日交节。这时气温显著下降，降水量明显增多，中国大部分地区进入寒冷的冬季。

合肥一六八玫瑰园学校东校区八（5）班　章子睿

大雪

即使是闭藏的寒冬里，
生命也在积蓄着力量，
寻求生长的机会
和延续的希望。
寻常百姓人家
也趁着相对清闲的
时候休整休整，
将平凡的烟火生活
过得有声有色、
有滋有味。

大雪帖/那时青荷

今日大雪，寒意触手可及
当所有的落叶，归于自己的故土
所有的秋实，盛满故乡的粮仓
我的窗外，已是一片冬的境地了

且不说浮云蔽日，游子难返
抑或晚来欲雪，故人此去经年
仅是昨夜西风凋碧树
即会发现，天涯不过咫尺之间

我喜欢踏着一地落叶，归来
归于一粥一饭的暖老温贫
与书，与茶，与三两知己
静静等候，一场雪的纷纷扬扬

我还喜欢，以冬荷一样的简静
忆一回，秋水长天的辽阔
忆一回，生如夏花的灿烂
忆一回，华枝春满的当年

不经历一场落叶的盛事
如何懂得，流年是这般美眷如花
不与一场大雪相濡以沫
又如何抵达，一个人的天心月圆

大雪时节，如若适逢大雪
天与云与山与水，上下一白
我愿意痴痴一人
独往湖心亭看雪

大雪，时闻折竹声

大雪是二十四节气中的第二十一个节气，是冬季的第三个节气，每年公历12月6–8日交节，标志着仲冬时节的开始。

二十四节气是中国古代农耕文明的产物，因为影响农业生产的气候要素主要是降水、气温与日照，所以人们格外关注不同节气时的气温与降水的变化趋势。和小雪节气一样，大雪也是反映气候特征的一个节气。

《月令七十二候集解》里说：“大雪，十一月节，至此而雪盛也。”雪是水汽遇冷凝结的产物，也是降水的一种形式。大雪节气之后，天气会越来越冷，下雪的可能性确实也增大了很多。此时，气温显著下降，降水量明显增多，中国大部分地区已进入寒冷的冬季。

此时，中国北方的很多地区已是冰天雪地了，到处都是白茫茫的一片，田间地头的事情也很少了，进入了一年中的农闲时节；南方地区的小麦、油菜、马铃薯等农作物仍在缓慢地生长，还要时不时地进行田间的管理。

果农们趁着农闲的时候，将树干涂白了，这不仅是为了美观，更是果树抗寒防病的需要。在严冬到来之前，道路景观树也被辛勤的绿化工人涂白了。

自古以来，智慧的人们都是依照农时来做好农事，根据时令的变化，将生产与生活安排得有条不紊。

前几天，江淮地区气温突降，还下起了今年的第一场小雪。乌桕树上火红的叶子已经落光了，一片也不剩，光秃秃的枝干更显遒劲，枝头雪白的籽在冷风中摇晃，更让人感觉到寒冬的肃穆。银杏树和梧桐树的叶子已经黄透了，它们经不住寒风的侵袭，纷纷飘落大地，慢慢地化为尘泥，又融入生命的轮回之中。

大地上的一切都进入了闭藏的状态，万物充实于内而不发动于外。《礼记·月令》中就有这样的记载："命有司云：土事毋作，慎毋发盖，毋发室屋，及起大众，以固而闭。地气且泄，是谓发天地之房，诸蛰则死，民必疾疫，又随以丧。"

意思是说，节令到了仲冬之月，周天子便命令主管相关部门的官吏，不得兴作有关土地之事，不要掀开房屋的顶盖，也不要兴师动众，以此来封闭天地之气，否则，就像是打开了天地的房门，各种冬眠的虫类就会死亡，人们也会感染疾病与瘟疫，为了躲避疾病和瘟疫，人们就会四处逃亡。

这里体现了古时人们一种非常朴素的生态平衡思想。后来，这种“闭藏”的观点和认知在民间逐渐发展成为“猫冬”的习俗。“猫”字有躲藏的意思，“猫冬”是指人们在寒冬里停止劳作，藏在家里，躲避寒冷，休养生息。

每年秋去冬来，北方地区的人们就开始张罗着买冬菜、腌渍酸白菜，储备食物，为“猫冬”做好准备。过去，东北农村的“猫冬”不过是打麻将、喝烧酒、走亲戚、看二人转；现在，生活条件好了，人们会在“猫冬”的季节里滑雪、观雾凇、看冬捕，或者去温暖的南方旅游生活，“猫冬”也有了更丰富的生活内容和更深邃的文化内涵。

大雪有三候：“一候鹖鴠不鸣，二候虎始交，三候荔挺出。”

鹖鴠，就是我们俗称的寒号鸟。荔挺，又名马蔺草、马兰花，古时江东地区称为“旱蒲”，是一种生命力很顽强的兰草，也是一味中草药，叶片像蒲草一样细小，根部细长且硬，可以用来制作刷子。宋代诗人楼钥曾有诗云：“仲冬方寒荔挺出，仲夏方炎靡草死。”

一候之时，由于天气寒冷，一向喜欢夜间鸣叫的寒号鸟也不再鸣叫了，静静等待暖和的日子的到来。二候之时，阴气最盛，盛极而衰，阳气开始有所萌动，老虎开始出现求偶行为，这意味着马上就要孕育新的生命了。三候之时，荔挺能感受到阳气的萌动，加上雪水的滋润，而开始抽发出新芽。

由此可见，即使是在闭藏的寒冬里，生命也没有衰落或者停止下来，而是在积蓄着力量，寻求生长的机会和延续的希望。

寻常百姓人家也趁着相对清闲的时候休整休整，将平凡的烟火生活过得有声有色、有滋有味。北方民间就流传有“大雪小雪，煮饭不息”的谚语，说的是大雪时节天寒地坼，昼短夜长，百姓人家一日赶着做三餐饭，几乎没有歇息。江南一带也流传有“小雪腌菜，大雪腌肉”的谚语，小雪时节，刚腌制了一坛坛子酸菜，在大雪时节晴好的日子里，农家院落的屋檐下，又晾晒上了腌肉、香肠、咸鱼等各种咸货，形成一道将近年关时的独特的景象，正是应了那句俗语：“未曾过年，先肥屋檐。”

“小雪不耕地，大雪不行船”，在这天寒地冻的时节，北方有些地区还流传着观雪封河、喝顶门粥、煮开门雪的传统习俗。

白居易曾写过一首《夜雪》诗：“已讶衾枕冷，复见窗户明。夜深知雪重，时闻折竹声。”雪是自然界独特的产物，代表着圣洁，也是丰收、吉祥的征兆，颇受人们喜爱，从来就不缺诗人的赞誉，所以历来写雪的诗词很多，但着重写夜雪的诗词却并不多，这一首就显得格外别致。或许雪生来就无声无味，只能从颜色、形状、姿态见得分别，而深夜里雪的形象更是难以把握。这首写夜雪的诗，既凝重古朴，又清新淡雅，诗人依次从触觉、视觉、感觉、听觉四个方面，写尽了雪的特征与情状，读来明白晓畅，韵味十足。

我很喜欢明代诗人杨慎的《十一月十三日雪》："飞雪正应大雪节，明年复是丰年期。山城豺虎户且闭，水国鼋鼍舟懒移。竹叶金樽惯贡酒，梅花玉树工撩诗。拥炉炽炭坐深夜，笑看灯前儿女嬉。"大雪时节，屋外飞雪，天寒地冻，家家闭户，一家人围着火炉说说笑笑到半夜，小儿小女在温暖的屋子内嬉戏打闹，呈现出一派其乐融融的温馨景象。

《诗经》里有一句诗，也洋溢着雪中的温情："北风其喈，雨雪其霏；惠而好我，携手同归。"大意是说，北风使劲地刮，大雪随意地下，幸亏有你对我这么好，手拉着手一起回家。

我也很喜欢唐代诗人柳宗元的五言绝句《江雪》："千山鸟飞绝，万径人踪灭。孤舟蓑笠翁，独钓寒江雪。"苍茫天宇，皑皑大地，只此一人，寒江独钓，这是诗人被贬到永州之后的顽强不屈、凛然无畏、傲岸清高的精神写照。

大雪，是一个节气，是一种天气，是一种生活状态，也是一种心境和情怀。

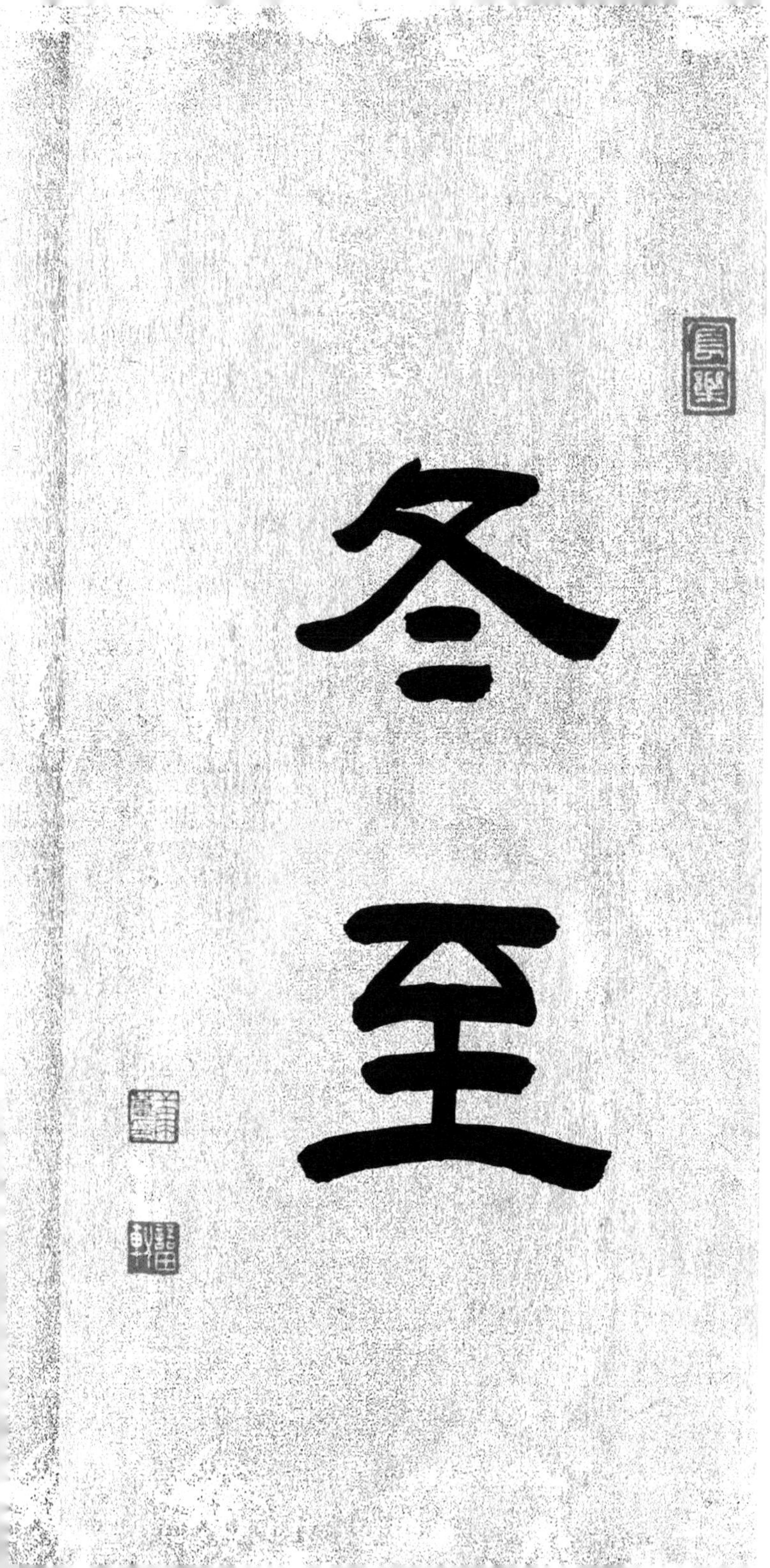

冬至是二十四节气中的第二十二个节气，每年公历12月21–23日交节。冬至既是一个非常重要的节气，又是中国民间传统的祭祖节日。

合肥一六八中学高一国际班　周欣然

冬至

去迎接
全新归来的太阳吧，
那是自然的阳光，
更是精神和心理上的阳光。
有了这束光，
萧萧严寒中
就能看到徐徐和风，
皑皑白雪里
就能见到花开春暖。

冬至帖/那时青荷

天色渐晚，转眼冬至
远方传来第一场雪的消息
且画素梅一枝，日染一瓣
以此对应内心的节气

再多的繁花，怎及这一瓣的清简
给自己一段美好的时光
让所有的柔软，都沉入心底
或者雪一样，静静落在纸上

不说昔我往矣，杨柳依依
也不说今我来思，雨雪霏霏
只画素梅一枝，愈是严寒
愈见独有的明媚与温暖

人生山高水长，再多的百转千回
又怎及这一心一意的珍惜
一如这手心的日子，半新不旧
可依然满怀芬芳

今生今世，小女子的欢喜
最是落花无言，落叶无声
采薇归来，岁已冬至
这一路的晓月霜天，尽在乡愁之外

而这一路的长亭短亭
却注定都是我的雪野了

冬至，一阳初起处

冬至是二十四节气中的第二十二个节气，是冬季的第四个节气，每年公历12月21–23日交节。

二十四节气中，冬至具有特殊的意义，兼具自然与人文两大内涵。作为古时“四时八节”之一的冬至，它既是一个非常重要的节气，又是中国民间传统的祭祖节日，历来备受人们重视。

殷周时人们把冬至的前一天作为“岁终”，相当于今天的除夕；秦代人们又改冬至为“岁首”，相当于大年初一；所以冬至也常常被人们称为“冬节”“亚岁”等，民间也一直有“冬至大如年”的说法。

冬至这天，太阳直射点南行到达极致，太阳光直射南回归线；相对北半球而言，太阳光最为倾斜，太阳高度角最小，因此冬至是北半球各地白昼最短、黑夜最长的一天。物极必反，到达极致之后，太阳直射点开始从南回归线向北移动，北半球的白昼将会逐日增长了，正如俗话说的那样："吃了冬至面，一天长一线。"这和夏至时的"吃过夏至面，一天短一线"正好相反。

《史记·律书第三》中说："日冬至则一阴下藏，一阳上舒。"俗语也说："夏至一阴生，冬至一阳生。"虽然寒冬开始了，但是被压抑了数月的阳气却在此时悄悄苏醒过来，这种灵动的气息推动自然界时时刻刻都在发生着微妙的变化。

冬至时，虽然太阳位置最低，白昼时间最短，但此时气温并未到达一年中最低的时候，因为此前地表尚有积热，真正的严寒会在冬至之后的一段时间。所以冬至也标志着即将进入寒冷时节，民间由此开始，通过"数九"来计算寒天。

到了"三九""四九"天的时候，气温将会达到最低，即所谓的"三九严寒天"。民间也有谚语说："热在三伏，冷在三九。"到了"九九"之时，"九尽桃花开"，寒气已尽，新春伊始。

每年一到这个时候，农家人就开始"数九"了，从"一九"数到"九九"，寒冬就变成暖春了。"一九二九不出手，三九四九冰上走，五九六九，沿河看柳，七九河开，八九燕来，九九加一九，耕牛遍地走”，这首《数九歌谣》，就是我很小的时候从母亲那里学会的。

民间流传有画“梅花消寒图”的习俗，明代《帝京景物略》上就有记载：“日冬至，画素梅一枝，为瓣八十有一。日染一瓣，瓣尽而九九出，则春深矣，曰九九消寒图。”人们先画一枝不染色的素梅花，花开九朵，每朵九个花瓣，共画出八十一个花瓣，表示自冬至日开始的八十一天，从这一天开始“数九”，每数一天就用颜料染一个花瓣儿。

“数九”是朴素的劳动人民为捱过漫长冬季发明的打发时间、缓解严寒威胁最好的心理防御与消遣方法。在农家人的心里，只要熬过了冬至后的九九八十一天，暖和的春天就肯定会到来。数着，数着，简朴、重复的生活就有了希望，就有了盼头。

冬至标示着太阳的新生，从此，太阳往返运动进入了一个新的循环，所以自古以来，冬至就被人们认为是一个吉祥的日子，如《汉书》中说：“冬至阳气起，君道长，故贺。”《后汉书·礼仪志》中也有记载：“冬至前后，君子安身静体，百官绝事，不听政，择吉辰而后省事。”另外还要“使八能之士八人，或吹黄钟之律间竽，或撞黄钟之钟”，以示庆贺。古代皇帝还会在这一天，率领文武大臣到郊外举行祭天活动，祈求国泰民安。

在中国北方很多地区，每年冬至日，都有吃饺子的习俗，民间还流传着“冬至不端饺子碗，冻掉耳朵没人管”的谚语。据说，这种节令饮食习俗是为了纪念东汉医圣张仲景而传承下来的。当年张仲景辞官回乡，专为乡邻治病，其返乡之时正值隆冬，寒风刺骨，雪花纷飞，他看到很多无家可归的人面黄肌瘦，衣不蔽体，不少人的耳朵都被冻烂了，心里十分难受，于是潜心研制出了一个可以御寒的食疗方子，叫“祛寒娇耳汤”。他将羊肉、辣椒和祛寒的药材放在锅里熬好，切碎包在面皮里，捏成耳朵的样子，称为“娇耳”。人们吃了娇耳，喝了汤，浑身都暖和起来，耳朵也热乎乎的，再也没有人冻伤耳朵了。娇耳就类似于今天的饺子，三国时期魏国人张揖在百科词典《广雅》里提及的“月牙馄饨”、西晋文学家束皙在《饼赋》里提及的“牢丸”，也类似于今天的饺子。当然，饺子的历史可能还要更悠久。

在中国南方很多地区，冬至和清明、七月半、除夕节一样，家家祭祖，缅怀逝者，感恩先人。民间还盛行酿米酒、吃汤圆等习俗，可谓是“家家捣米做汤圆，知是明朝冬至天”。

还记得小时候，每年冬至前后，天气晴好，又是相对农闲的时节，村子里的人们便趁机聚在一起兴修水利，挑塘泥，筑堤坝，场面热火朝天。这种力气活孩子们使不上劲，但中午可以到圩堤上给大人们送饭吃，也能趁机看个热闹。

如今，冬至的习俗淡化了很多。冬至之后，分散在外乡的人们才开始陆陆续续地往回赶，村子里的房屋已经空了一年了。

冬至有三候："一候蚯蚓结，二候麋角解，三候水泉动。"

一候之时，天地之间的阳气虽已生长，但阴气仍然十分强盛，泥土中的蚯蚓仍然蜷缩着身体；二候之时，麋感受到阴气渐渐退去，头上的角开始脱落了；三候之时，地下温热的泉水开始暗暗涌动起来。

虽然正值寒冬，但随着太阳的回归，鲜活的阳气逐渐升起；冬至之后，白天和光照逐渐变长，阳光普照，化生万物，肃杀的自然界重新开始生机勃勃起来。

北宋著名的易学家、理学家、数学家、哲学家邵雍写过两首非常著名的《冬至吟》诗。第一首是："何者谓之几，天根理极微。今年初尽处，明日未来时。此际易得意，其间难下辞。人能知此意，何事不能知。"第二首是："冬至子之半，天心无改移。一阳初起处，万物未生时。玄酒味方淡，大音声正希。此言如不信，更请问庖羲。"

邵雍仿佛在告诫我们，世间的道理都是蕴藏在极其细小的地方，所以往往容易被人忽略，更是因为我们习惯于粗枝大叶，而对一些极其珍贵乃至永恒的东西视而不见；一切事物的开始都似乎很平淡，很细微，若隐若现，甚至若有若无，但它蕴含着无形的生发的力量，如同这冬至日的阳光，无声无息地归来，起初只是微弱的光，但它必将照耀万物，福泽四方。

冬至之时，去迎接属于我们每一个人自己的全新归来的太阳吧，那是自然的阳光，更是精神和心理上的阳光。有了这束光，萧萧严寒中就能看到徐徐和风，皑皑白雪里就能见到花开春暖。

小寒是二十四节气中的第二十三个节气，每年公历1月5–7日交节。小寒开始，正式进入隆冬，天气寒冷，但还没有冷到极点。

合肥市华山路小学四（1）班　徐慕雨　指导老师　吴海瑞

小寒

雁子北飞，
喜鹊筑巢，
梅花、
山茶、
水仙盛开，
严寒又有何惧呢？
春天已经不远了，
她悄悄
藏在鸟的翅膀里，
藏在一番番花信风里，
藏在一朵朵迎春的花里。

小寒帖/那时青荷

小寒之始，雁归北乡
风雪如期而至，这归去的路
是一样的关山重重
一样的碧水迢迢

说好归来，就一定会归来
说好同行，就一辈子相依为命
再寒冷一点也好
我们可以将温暖，一生一世紧握手心

一如死生契阔，与子成说
一如琴瑟在御，岁月静好
谁不是，红尘南北的双飞客
谁不是，生死相许的痴儿女

一定要在风雪来临之前
搭建一所名叫幸福的房子
一定要赶在春暖花开之时
与你一起，回到朝思暮想的故乡

归去，尽管这归去的路
一候相去万余里，马萧萧车辚辚
二候道路阻且长，山一程水一程
三候人生忽如寄，风一更雪一更

那么，再遥远一点也好
我们可以将懂得，一生一世紧握手心

小寒，春冬正月交

小寒是二十四节气中的第二十三个节气，是冬季的第五个节气，每年公历1月5–7日交节。小寒开始，正式进入隆冬。

小寒与大寒以及小暑、大暑、处暑一样，都是表示气温冷暖变化的节气。顾名思义，小寒意味着天气寒冷，但还没有冷到极点。《月令七十二候集解》中解释说："十二月节，月初寒尚小，故云，月半则大矣。"

冬至之后，阳气虽生，却很是微弱，而土壤深层的热量还在不断消耗，入不敷出，天寒地冻。此时，冷空气又频繁南下，气温持续降低，冷气持续聚积，到了小寒与大寒之际，气温将降到一年中的最低点。所以民间流传有"小寒时处二三九，天寒地冻冷到抖""小寒冷冻冻，寒到提火笼""小寒大寒，冻成一团"等谚语。

在北方一些地区，小寒节气可能比大寒节气更冷，素有“小寒胜大寒”之说，也有谚语云：“小寒胜大寒，常见不稀罕。”而南方大部分地区，全年最低气温普遍会在大寒节气内。

小寒和大寒是一年中雨水最少的时段，所以，相对于年后的雨水和惊蛰这两个时段，同样是寒冷，却冷得不一样：一个是干冷，一个是湿冷。

进入小寒之后，北方大部分地区田间地头已经没有太多的农活了，人们进入了一年中的“歇冬”状态；南方地区的农家人也相对比较清闲，但还不忘给油菜、小麦等作物追施冬肥，为了来年有个好的收成。

此时，已进入农历的腊月了。东汉应劭在《风俗通义》里说：“腊者，猎也，言田猎取禽兽，以祭祀其先祖也。或曰：腊者，接也，新故交接，故大祭以报功也。”《礼记·蜡辞》中记载有相关祭辞：“土反其宅，水归其壑，昆虫毋作，草木归其泽。”意思是说，土返回它的原处，水回到它的沟壑，昆虫不要任意繁殖，草木回到它的沼泽。人们祈福世间所有的一切都各归其位，各安其命，好让新的一年顺风顺水。

小寒前后适逢腊八节。腊八节本是佛教纪念释迦牟尼佛成道的节日，传说释迦牟尼经六年苦行，于腊月初八日，在菩提树下悟道成佛，后人不忘他所受的苦难，以每年腊月初八日吃粥来纪念他。清代苏州文人李福还曾有诗云：“腊月八日粥，传自梵王国。七宝美调和，五味香糁入。”后来历经演变，腊八节逐渐成为家喻户晓的传统节日。这天，各地多有喝腊八粥、吃腊八面、泡腊八蒜等习俗。

关于腊八蒜的由来，民间还有一个有趣的传说。古时快到年关时，各家商号要在腊八这天把一年来的收支算出来，好知道这一年的盈亏情况，但中国人做事很讲究面子和彩头，收债的人不好一到人家家里就开口要人家还债，于是就会泡上一些腊八蒜送过去，欠债的人家自然心领神会，知道欠人家的债务该清算清算了，因为“蒜”与“算”谐音。过去北京城里还流传一句老话：“腊八粥，腊八蒜，放账的送信儿，欠债的还钱。”用腊八蒜当作催债提示，倒也算是良苦用心。

民间有“过了腊八就是年”的说法，很多地方流行这样的歌谣：“小孩小孩你别馋，过了腊八就是年。”“腊八粥，喝几天，哩哩啦啦二十三。”过了腊八节，就意味着拉开了过年的序幕，家家户户都忙着腌制腊味、准备年货了。常年在外务工的人们，也开始收拾行囊赶回家过年了。

小寒有三候：“一候雁北乡，二候鹊始巢，三候雉始鸲。”

一候之时，天地之间的阳气已动，候鸟中的大雁在南方过完冬季，开始成群结队，向北迁移。这种迁飞一直要持续到雨水节气。二候之时，喜鹊感受到阳气而开始欢跃起来，在农家门前屋后的枝丫上或者朝阳的屋檐下成双成对地飞来飞去，筑巢迎春。喜鹊在中国文化中象征着吉祥，民间认为它们能报喜。三候之时，沉寂了大半个冬季的野鸡感受到了阳气的“生长”，又开始兴奋地叫唤起来，吸引着异性，一起奔赴春天。

从小寒起，枯寂的寒冬里开始有了动静，天地之间也开始有了欢欣雀跃的声音。在这看似严寒而最不宜活动的时节里，一切都热闹了起来。

最热闹的是，小寒之时，第一番花信风如期而至。战国《吕氏春秋》里记载：“春之德风，风不信，其华不盛，华不盛，则果实不生。”古人认为，每一种花在开放之前，都会有一股相应的风应期而至，向人们报告花开的消息，否则，花不开，果实也不能生长。这股带来消息的风，被人们形象地称为“花信风”。

明代诗人王逵在《蠡海集》里说：“自小寒至谷雨，凡四月八气二十四候。每候五日，以一花之风信应之。”意思是说，从小寒到谷雨的八个节气里共有二十四候，每候都有一种花为之开放。所以，民间素有“二十四番花信风”之说。

小寒时节的梅花领先，谷雨时节的楝花最后，人们以花开记载时光，一步一步地走到春暖。经过二十四番花信风之后，以立夏节气为起点的夏季便降临了。二十四番花信风，不仅准确地反映着花开与时令的自然现象，更重要的是，人们利用这种自然现象敏锐地掌握农时，安排农事，过好寻常日子。

小寒时节里，一候时高雅冷艳的梅花，二候时孤傲坚韧的山茶，三候时清高坚贞的水仙，彼此约好了，选择在最严寒的时期，次第开放，迎接春来。

有了梅花，有了山茶，有了水仙，还会缺少优美的诗句吗？

南宋诗人杜耒写了梅花：“寒夜客来茶当酒，竹炉汤沸火初红。寻常一样窗前月，才有梅花便不同。”北宋诗人王安中写了山茶：“无穷芳草度年华，尚有寒来几种花。好在朱朱兼白白，一天飞雪映山茶。”北宋诗人刘攽写了水仙：“早于桃李晚于梅，冰雪肌肤姑射来。明月寒霜中夜静，素娥青女共徘徊。”

小寒时节，雁子北飞，喜鹊筑巢，还有梅花、山茶、水仙盛开，严寒又有何惧呢？唐代诗人元稹在《咏廿四气诗·小寒十二月节》中这样抒怀：“小寒连大吕，欢鹊垒新巢。拾食寻河曲，衔紫绕树梢。霜鹰近北首，雊雉隐丛茅。莫怪严凝切，春冬正月交。”小寒虽是一年中最冷的时节，却也是冬春之交，寒冷的天气并没有阻止生命之花的自由绽放。

温和的春天已经不远了，她悄悄藏在鸟的翅膀里，藏在一番番花信风里，藏在一朵朵迎春的花里。唐代诗人裴夷直发现了春天已来的秘密，忍不住在《穷冬曲江闲步》中写道："雪尽南坡雁北飞，草根春意胜春晖。曲江永日无人到，独绕寒池又独归。"

诗人说，最先感知到春天来了的大雁已经冒着风雪从南方启程了，小草的根部已经返青了，让人很是欢喜，这比春日里的太阳更让人感觉到春天的来临。我站在这寂寞的曲江边，围绕着池水开心徘徊，却无人可以分享。是啊，又有多少人知道呢，冰冷的小寒里藏满了温暖的春天啊！

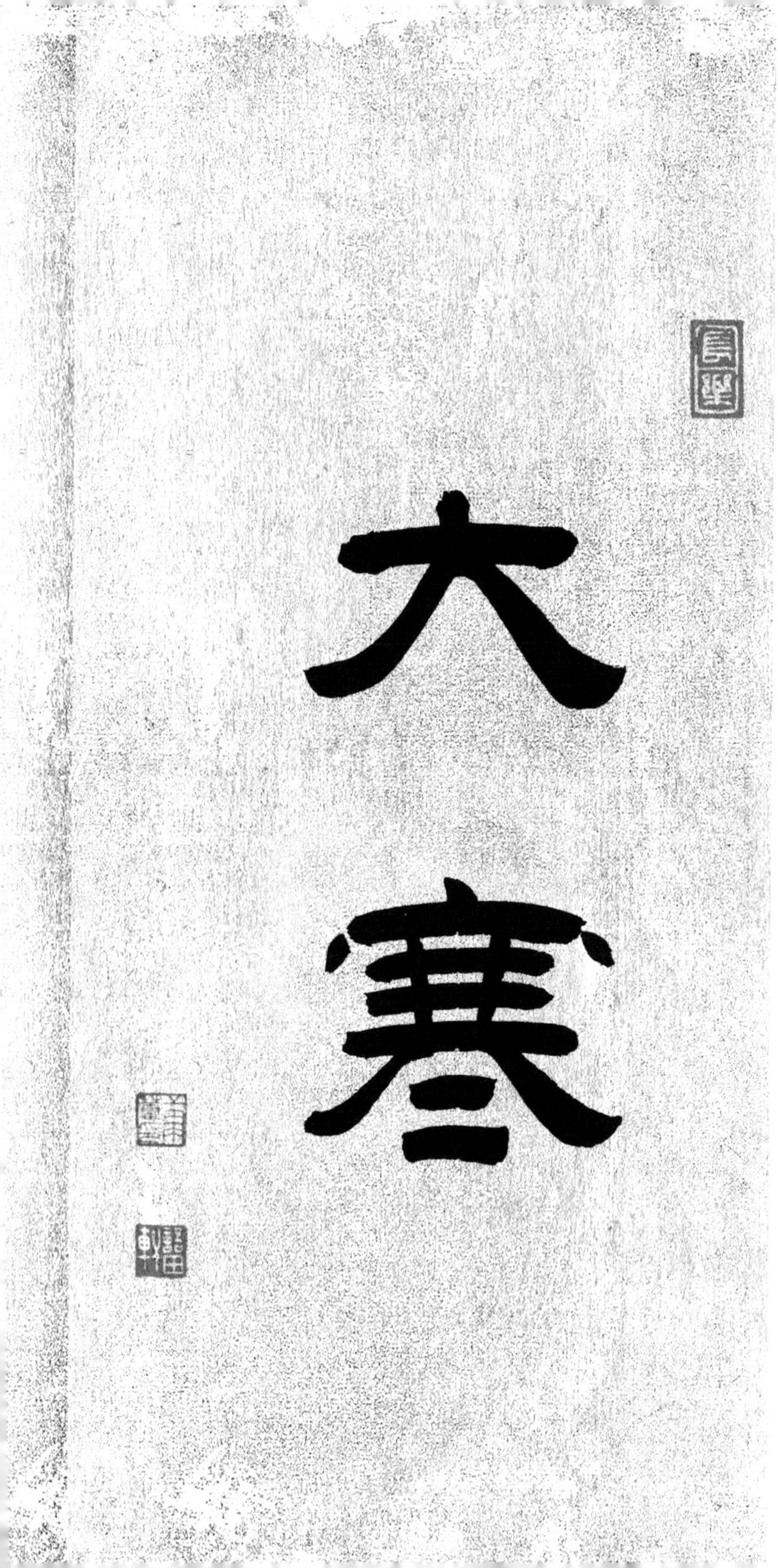

大寒是二十四节气中的最后一个节气，每年公历1月20日前后交节。阴寒密布地面，悲风鸣树，寒气砭骨，天气寒冷到了一年中的极致。

合肥市第四十六中学九（1）班　楚　晞

大寒

大寒是岁终，
这寒
是欢聚一堂的寒，
是辞旧迎新的寒，
是热气腾腾的寒，
是翘首以盼的寒。
冬去春自来，
大寒一过，
这一年就过去了，
又将开启一个新的轮回。

大寒帖/那时青荷

大寒将至，万籁无声
昨夜的雪，一直在门外生长
且以一朵雪花的洁白
收集光阴里，所有的美好与珍贵

且持一卷薄薄的《诗经》
靠近内心的红泥小炉
再把手心这朵素梅，染成一抹胭脂红
这样的洁白，宛如人生初见
这样的温暖，仿佛梦里来生

也许遇见一场美好的雪
就是遇见三两素心人
就是遇见一种心灵的慢生活
那一杯唐朝的绿蚁新醅酒

余香袅袅，没有人舍得辜负

所有的阴晴圆缺，这一刻全都放下
所有的悲欢离合，都是一朵朵珍贵的雪花

直到大寒，终于懂得
人生是一场随遇而安的旅行，处处是风景
走过光阴的二十四节气
终于懂得，成长是一场顺应内心的蝶变
抑或一种随时间而来的芬芳

与其说，人生最美是初见
不如说，人生最美是大寒
最美的寒冷，有最美的花信
一候瑞香，二候兰花，三候七里香

大寒，人间共团圆

大寒是二十四节气中的最后一个节气，是冬季的第六个节气，每年公历1月20日前后交节。时光悠悠地走到此时，一年就快要结束了，正如民谚所说："过了大寒，又是一年。"大寒后十五日，阳气渐渐驱逐阴寒，便是新的一年的立春时节了，又将开始新的一年节气轮转。

大寒节气一般处在三九或四九时段，是一年中最为寒冷的时节，也是一年中雨水最少的时期。此时，寒潮南下频繁，天气寒冷到了一年中的极致，所以有民谚说："小寒大寒，无风自寒。""三九四九，冻破石头。""小寒不太冷，大寒三九天。""小寒不如大寒寒，大寒之后天渐暖。"

由于中国幅员辽阔，南北跨度大，南北地区在气候上有着很大的差异。在北方地区，大寒时候一般是没有小寒时候冷的，但对于南方地区来说，大寒时节毫无疑问是最冷的。大寒期间，阴寒密布地面，悲风鸣树，寒气砭骨。南朝崔灵恩撰写的《三礼义宗》里说："寒气之逆极，故谓大寒也。"

俗话说："小寒时天寒最甚，大寒时地冻最坚。"好在大寒前后迎来欢乐腾腾的新年，亲人们欢聚一堂，共度美好的团圆时光。我还记得小时候的冬天特别冷，衣衫穿得很单薄，过年的时候大家都冻得缩手缩脚的，所以小孩子们总是幻想着说，要是在夏天的时候过年就好了。儿时不知道自然规律和年岁内涵啊！

大寒时节，冰天雪地，田地也冻结了，基本上没有办法耕作，农家也就没有太多的农活要做，所以大寒是一年中最清闲的时段，劳累一年的人们正好可以在家里忙着过年，辞旧迎新，走亲访友，享受浓浓的年味和亲情。

打扫屋子，腌制腊味，磨糯米粉，做豆腐，打年糕，炸圆子，做糖点，贴春联，祭祀祖先，一天赶着一天，忙得人晕头转向，却又不亦乐乎。民间还流传着一段顺口溜："二十三，祭灶官；二十四，扫房子；二十五，做豆腐；二十六，去割肉；二十七，杀公鸡；二十八，把面发；二十九，蒸馒头；三十晚上熬一宿；初一初二满街走。"

除此之外，大家还得挤出时间来理个发，洗个澡，这正应了老话所说的“有钱没钱，洗澡过年”。人们洗去旧尘，辞了旧岁，全新的一年就开始了。

一应终末，皆为新生。《礼记·月令》里记载：“（季冬之月）日穷于次，月穷于纪，星回于天。数将几终，岁且更始。”意思是说，在这个月里，太阳走完了一年的行程，月亮完成了与太阳最后一次相遇，星宿也绕天运行了一周。时间从一而终，实现了圆满；时间从一而始，迎来了新岁。

勤劳的人们已经开始制订新一轮的耕种计划了，为来年的生产与生活做好准备，民间就有农谚说：“大寒不出门，思谋咋发家。”

大寒有三候：“一候鸡始乳，二候征鸟厉疾，三候水泽腹坚。”

一候之时，家里的老母鸡感知到了春天的阳气，又开始下蛋了，准备孵化小鸡，孕育新的生命；而在大寒节气之前，光照比较少，老母鸡极少下蛋。二候之时，因为太寒冷，冰雪封地，小动物们很少出没，饥肠辘辘的鹰隼等猛禽，只能猛烈而迅疾地盘旋在空中，以寻求更多的猎物来抵御寒冷。征鸟是指远飞的鸟，包括鹰隼等猛禽。三候之时，湖水最深处的中央位置都已经冻得结实，上下都冻透了，天气到了最为寒冷的时段。小时候，我们常常跑到坚固厚实的冰面上，自由自在地玩耍。

“坚冰深处春水生”，大寒时节，虽冷到极点，但盛极转衰，寒极必暖，所以大寒又是一个生机潜伏、万物蛰藏的时节。仔细观察，便能发现，天地之间处处都隐藏着春与冬的交锋与融合。

“花木管时令，鸟鸣报农时。”大寒时节的花信风很守时，也悄悄地吹过来了。

一候时的瑞香，开在山野里，隐在绿叶深处，浓香袭人。宋代曹勋曾写诗赞曰：“连雨催寒黄着苔，纷然枯叶拥闲阶。了无春意到梅萼，只有瑞香先腊开。”二候时的兰花，高洁典雅，一两朵花，三五片叶，香气幽幽，沁人心脾。明代张羽这样赞美兰花：“能白更兼黄，无人亦自芳。寸心原不大，容得许多香。”三候时的山矾，繁白如雪的小野花，迎着瑞雪开放，洁白无瑕，清新淡雅。宋代黄庭坚有诗云：“高节亭边竹已空，山矾独自倚春风。二三名士开颜笑，把断花光水不通。”

时光匆匆又一冬，岁月悠悠又一年。大寒是岁终，这寒里面透着喜悦，藏着生机。这寒是欢聚一堂的寒，是辞旧迎新的寒，是热气腾腾的寒，是翘首以盼的寒。冬去春自来，大寒一过，这一年就过去了，又将开启一个新的轮回。

临近除夕了，窗外流动着一年中最冷的寒气，屋子里承载着千家万户的团圆。王安石曾有《元日》诗云：“爆竹声中一岁除，春风送暖入屠苏。千门万户曈曈日，总把新桃换旧符。”

此刻，天地之间，风雪正盛，人世间却是欢天喜地，情深意浓。家家户户扫尘洁物，把一年的烦恼和晦气也一并扫除掉，然后挂上红灯笼，贴上红对联，系上红围巾，递上红纸包，一切暖意融融。民间还流行一个说法：“大寒大寒，家家刷墙，刷去不祥；户户糊窗，糊进阳光。”

记得小时候，乡间还有“踩岁”的习俗。除夕夜，吃过团圆饭，大人们将家里的芝麻秸秆拿出来，铺在院子里，让孩子们上去踩碎，发出噼噼啪啪的声音，以此祝愿来年的日子像芝麻开花一样节节高，越来越好。“碎”与“岁”谐音，也寄托了普通人家“岁岁平安”的美好愿望。

北宋文人宋庠《大寒夜坐有感》诗前四句写道：“河洛成冰候，关山欲雪天。寒灯随远梦，残历卷流年。”时至岁末，墙上的日历一张张撕去，没剩几页了。一盏寒灯，一卷残历，一年光阴逝去，欢喜与忧愁，冷暖自知。

大寒是一年节气的终点，再过十五日，便是立春了。唐代诗人元稹在《咏廿四气诗·大寒十二月中》诗中写道：“腊酒自盈樽，金炉兽炭温。大寒宜近火，无事莫开门。冬与春交替，星周月讵存？明朝换新律，梅柳待阳春。”世间万物运行的规律都是周而复始的，冬尽春来，那些迎春的梅花、杨柳在大寒之时，都已经迫不及待地等待着春天的到来了。

崭新的一年即将开始，愿人间岁月安然，山河无恙；愿我们每一个人都满心欢喜，清风自在。

跋

人间节气，如此美好

苏长兵

不知不觉中，我们从立春走到了大寒，跟着二十四节气，走过了一整年美好的时光。我把在每一个节气当天写成的24篇短文汇集在一起，便成就了《人间节气》这本小书。春夏秋冬，一路走来，我由衷地感到世间很美好，日子很充实，生活很快乐。

我们经历了立春时节的“远天归雁拂云飞，近水游鱼迸冰出”，走过立夏时节的“日长睡起无情思，闲看儿童捉柳花”，体验了立秋时节的“乳鸦啼散玉屏空，一枕新凉一扇风”，来到立冬时节的“细雨生寒未有霜，庭前木叶半青黄”。

我们观察了每个节气的“三候”，观察了七十二候对应的物候现象和气候变化的一般规律。我们从立春时节的初候“东风解冻”，到大寒时节的三候“水泽腹坚”。这期间，水獭开始捕鱼了，燕子开始飞回北方，苦菜已经枝叶繁茂了，寒蝉开始鸣叫了，喜鹊开始筑巢了，冰冻到了湖水的中央。这一切，是多么的有趣。

我们感受了“二十四番花信风”。我们从小寒时节一候的梅花，看到谷雨时节三候的楝花。四月八气二十四候中，二十四种花按时开放，从小寒一直开到春暖，每一种花都含情脉脉地反映着时令的变化。“二十四番花信过，独留芳草送残红”，二十四种花陪伴我们走过寒冬，走过暖春，走到绿肥红瘦的夏季，我们从不孤独。

我们关注了每个节气的农事安排和民俗活动。起源并发扬于农耕时代的二十四节气，是劳动人民长期经验的积累和智慧的结晶，是内心善良的人们对“天时、地利、人和”的朴素的追求。这当中的一句句农谚，通俗易懂，生动形象，言简意赅，富含哲理，充满睿智，是民间农业技术和生活经验传承的重要方式。《说文解字》里说：“谚，传言也。”这些朗朗上口的农谚，既保存了农史事象的印记，也充满了乡土民俗的醇香，是指导农业生产的一个重要组成部分，是人类历史遗存的一份珍贵文化遗产。

历代多愁善感的文人墨客将山河大地、草木鱼虫、自然奥秘、世俗民情、生活智慧、人文典故以及世间万物都容纳在二十四节气的诗词歌赋当中，囊括了春夏秋冬各种物候、气候与自然规律的微妙变化，凸显了古时人们对自然、天地、岁月、人生的思考与感悟，留下了众多千古传颂的动人诗句，极大丰富了二十四节气的文化内涵，让我们时过千百年之后，依然还能有着一种与天地感应的诗意情怀。

跟随着二十四节气一路走来，我们发现了寒冬过去，定是春天，滚滚雷声之后，万物清明，迎来小满，人间芒种，熬过了三伏天，自是金秋硕果累累，雪落无声时，梅花暗香浮动，四时流转，自然成岁。当我们善待天地，悲悯万物，以谦卑与感恩的心面对自然与生活时，我们必定恍然明白：人间节气，如此美好。

每一个节气的更迭，都给了我们深深的期盼，也给了我们悄悄的惊喜。我们常常会在不经意间惊喜地发现，人间一切美好总能应期而至，而且还会如期重逢。如此，我们的生活有了四季，时间有了痕迹，生命有了轮回。

当前，二十四节气的传承与保护也面临着一些问题，比如节气的传统正在消减，年轻人对节气的认知逐渐淡薄，很多人对节气的价值认识不足，等等。但令人欣喜的是，很多政府部门和专业机构以及农学、民俗学等专家学者都已经行动起来了，通过出台法规政策、加大宣传力度、编写知识读本、开展实践活动等方式，努力做好二十四节气的代际传承工作，让二十四节气以崭新的面貌，走进家庭，走进校园，走进社区，走进每一个人的生活与生命之中，让人与自然，让世间万物更加和谐相处。

我所任职的工作单位安徽省关心下一代教育基金会正在实施

的“青少年成长的必修课——节气24堂课”公益项目，深入社区和学校，围绕青少年传统文化教育、自然教育、劳动教育、美育教育、体育教育、诗词教育、科学教育、生活教育、生命教育等方面，长期精耕细作，取得了较好的教育效果。这也是慈善组织在传承与保护二十四节气和中华优秀传统文化上的尝试与探索，以期推动广大青少年关注二十四节气，重视身边的气候与节气变化，从而了解、热爱、体悟和传承二十四节气中蕴含的优秀传统文化，不断提升科学素养，增强文化自信，促进身心健康与和谐发展，并从中汲取生命的营养和智慧。

需要特别说明的是，二十四节气最初产生于黄河流域，因此二十四节气所体现出的气候特点更契合这一地域的特色，而我长期生活在江淮地区，对这里的一山一水、一草一木、一花一鸟、一枝一叶都充满着深厚的感情。我所观察与记录的自然和人文现象以及表述出来的文字，可能与之存在一些偏差，甚至可能出现知识与科学上的理解错误，敬请各位朋友指正。

本书得以出版，特别感谢合肥工业大学出版社资深编辑疏利民先生，他不仅精心选题与策划，还给了我很多鼓励、帮助和指导意见。感谢国家一级美术师、合肥工业大学硕士生导师、著名书法家方中传先生为本书题写书名，并为插页导语题字；感谢合肥工业大学附属中学小学部德育主任、语文高级教师、安徽省高等学校书法家协会副秘书长康蕾女士为本书插页题写二十四节气名。利民先生关于书法细节的策划，也是响应教育部《关于中小学开展书法教育的意见》，让书法进课堂的一项举措和探索。

安徽大学新闻传播学院教授、高级记者、硕士生导师章玉政先生在百忙之中，慷慨为本书作序；我的同乡、散文大家那时青荷女士不仅帮助编校，还专门写了《二十四节气帖》，并热心撰写编后记；潘荣妹老师、汪虹老师对本书的文字进行了大量的优化和润色，细致程度让我惊叹。他们无私的帮助，让我感激不尽。本书出版过程中，还得到了合肥市师范附属第三小学、合肥市青年路小学、合肥市南门小学等学校的大力支持，他们精心组织与指导学生，创作了精美的二十四节气主题插画作品。在此，我表示由衷的感谢。说心里话，我们也是想通过这样的设计与安排，给孩子们提供一个融入二十四节气的教育机会。可以说，这是我们的良苦用心。

人间节气，如此美好，我们一直走在美好的路上。

癸卯年季冬于合肥

编后记

跟着节气过日子

那时青荷

当我读完这部散文集《人间节气》时，季节已从天高云淡的金秋，过渡到落叶萧萧的初冬。尽管立冬已过，小雪将至，但只要天气晴朗，温度仍是舒适宜人的。我看见窗外的阳光，犹如桌上的一杯绿茶，透着清亮恰好的光泽，又好比书中这娓娓道来的话语，总是散发出温润平和的气息。

这是一本集知识性、文学性于一体的节气之书，也是一本集丰富性、趣味性于一体的心灵之书，更是一本集哲理性、审美性于一体的感悟之书。春生夏长，秋收冬藏，此乃时光亘古不变的轮回，年年如是，周而复始。二十四个不变的节气，俨然二十四个温馨的仪式，不仅提示我们对烟火人间的关注，同时唤醒我们对平凡生活的热爱。

在中国传统文化里，二十四节气代表着人与自然和谐相处的生活方式，千百年来，一直指导着传统农业生产和日常生活。它是中华文化的鲜明标识，是中华民族农耕文明的结晶，既蕴含着丰厚的科学知识、文化渊源和美学内涵，又彰显着深刻的感时应物、天地人和与天人合一的生态理论及时间哲学。

作为一种时间认知体系，二十四节气不仅自成永远的时间坐标，还饱含着中国人对生命的款款深情，是中华民族献给世界的时光记录，已被正式列入联合国教科文组织人类非物质文化遗产代表作名录，成为世界上最有诗意的历法，被世界气象界誉为“中国的第五大发明”。

感谢知名图书策划人疏利民先生诚挚向我推荐此书，让我在编校过程中，深切感受到苏长兵老师的创作立意、书写初心和人文追求。诚如他在《自序》中所言：“我用了整整一年的时间，从立春到大寒，在每一个节气如期到来的时候，我都以一颗恭敬而虔诚的心，在享受美好时光的同时，写下一点简易的普及性文字，是期盼更多的人，尤其是新时代的青少年，能更多地关注二十四节气，了解二十四节气，学习与实践二十四节气，并从中汲取些许成长的养分与智慧，成为生活的热爱者与生命的思考者。”

他是一位自然的观察者，更是一位睿智的有心人。他静观世间万物，漫品四时佳兴，用心记录时令物候的变化，且行且思，且写且悟；他全面挖掘了二十四节气的深蕴，深度阐释了七十二候的更替，细致呈现了二十四番花信风的浪漫，为我们倾情展开了一幅隽永的时光长卷；他将翔实有据的资料、口口相传的谚语、经典动人的诗词完美地编织在一起，同时巧妙地融入自身的生活体验和生命感发，以细腻温情的笔触、绘声绘色的语言，向我们徐徐讲述着节气之源，描写着节气之美。这样的文字，平实中不失优美，自然中尽是通透，无不洋溢着生活的真趣，读之品之，令人回味悠长。

我们所不知道的时间秘密，都藏在二十四节气里了。每一个节气，都写满了生动的故事；每一个节气，都包含着中国人特有的宇宙观；每一个节气，都有景可看，有诗可读，有情可寄。我们自由地行走在天地人间，按四时节令生活，与鸟兽虫鱼为友，同山川草木对话，和日月星辰谈心，这样的诗意表达，不但传承了农耕文明的时间智慧，更向世界传递了中国式的生活美学。

完全一样的二十四节气，完全不一样的解读方式。疏利民先生是位颇具文化情怀的资深编辑，“二十四节气书系”是他近年来精心策划的优秀传统文化选题之一。这本《人间节气》，正是继其打造《漫画二十四节气》（莫幼群著，榆木先生绘画）之后的又一部匠心力作。静心翻阅《人间节气》，我们不难发现，整本书装帧雅致，版式精美，文理情思兼备，诗书画印俱全，如此各美其美，美美与共，体现出策划人疏利民先生的新颖创意和良苦用心。一群很有情怀的人，因节气而结缘，从而在时光中诗情画意地相遇，实在是一件非常温暖而有意义的事情。

编校完这本《人间节气》，我真切地感受到，这既是一本有关二十四节气的实用宝典，也是一本了解传统文化的优秀读本，它不仅充实了二十四节气的文化底蕴，也必将进一步推动弘扬节气文化，坚定文化自信。我相信，在未来的时光里，它还会不断焕发出更新的活力，闪耀出更多的光芒。

人应当诗意地栖居在大地上，我们都应该追寻诗意的生活。而最美的生活方式，就是跟着节气过日子。就这样晴耕雨读，细数流年，与岁时光阴来一场雅集，与天地自然来一场雅集，与万物众生来一场雅集。

跟着节气过日子，我们懂得春是鸟语花香，春是播种耕耘。一年之计在于春，一日之计在于晨。立春作为春季的开始，对我们来说，都是一个非常重要的时间节点。春风一到便繁华，一泓春水，一抹新绿，已觉春意盎然，万象更新。

跟着节气过日子，我们看见秋是硕果累累，秋是稻谷飘香。一年好景君须记，最是橙黄橘绿时。立秋过后，自然界里的万物开始从繁茂生长，走向萧瑟成熟。人生之秋，也是沉甸甸的，我们用从容不迫的心，行走于天地万物之间，美好便无处不在。

跟着节气过日子，我们发现人间有一种美好，像雨水一样润物细无声；有一种灵动，像寒露一样月白露初团。愿我们的精神和心灵，可以像小满一样，既能蓄力向上，又能知足常乐，将满而未满；愿我们的成长和修为，可以像立冬一样，走向光阴的深处，走向沉静与澄明，梅花一绽香。

如此心性清明，一切渐入佳境；如此岁月静好，四时皆有清欢。

作者简介

那时青荷，原名黄琼会。素心女子，编辑生涯。生于枞阳，现居合肥。安徽省作家协会会员，第八届安徽青年作家研修班结业。曾获伯鸿书香奖、铜陵文学奖、方苞文学奖等奖项。著有畅销书《我看唐诗多繁华》《我见宋词多妩媚》《世界予我寂静欢喜》《不肯忘却古人诗》《不屑一顾是相思》等多部作品。

图书在版编目(CIP)数据

人间节气／苏长兵著．—合肥：合肥工业大学出版社，2023.12
ISBN 978－7－5650－6563－7

Ⅰ．①人…　Ⅱ．①苏…　Ⅲ．①二十四节气—青少年读物
Ⅳ．①P462－49

中国国家版本馆CIP数据核字（2023）第238783号

人 间 节 气
RENJIAN JIEQI

苏长兵　著

责任编辑	疏利民（24小时咨询热线13855170860）
出　　版	合肥工业大学出版社
地　　址	（230009）合肥市屯溪路193号
网　　址	press.hfut.edu.cn
电　　话	理工图书出版中心：0551－62903018 营销与储运管理中心：0551－62903198
开　　本	880毫米×1230毫米　1/32
印　　张	9.875
字　　数	186千字
版　　次	2023年12月第1版
印　　次	2023年12月第1次印刷
印　　刷	安徽联众印刷有限公司
发　　行	全国新华书店
书　　号	ISBN 978－7－5650－6563－7
定　　价	68.00元

如果有影响阅读的印装质量问题，请与出版社营销与储运管理中心联系调换。